艾宾浩斯记忆法

霁 色 ◎ 著

Ebbinghaus
Memory Method

中国水利水电出版社
www.waterpub.com.cn

·北京·

内 容 提 要

　　本书从艾宾浩斯记忆法的概念讲起，通过七个记忆的黄金法则总结艾宾浩斯记忆曲线的作用，然后以具体的案例和方法让学生在实战中理解和掌握联想法、转换法、文字归档法、数字记忆及英语记忆等记忆方法，帮助孩子培养高效记忆与持久记忆的能力。

图书在版编目（ＣＩＰ）数据

艾宾浩斯记忆法 / 雾色著. -- 北京 ： 中国水利水电出版社，2022.7
　　ISBN 978-7-5226-0721-4

　　Ⅰ．①艾… Ⅱ．①雾… Ⅲ．①记忆术－通俗读物
Ⅳ．①B842.3-49

中国版本图书馆CIP数据核字(2022)第086363号

书　　　名	艾宾浩斯记忆法 AIBINHAOSI JIYIFA
作　　　者	雾色　著
出 版 发 行	中国水利水电出版社 （北京市海淀区玉渊潭南路1号D座　100038） 网址：www.waterpub.com.cn E-mail：sales@mwr.gov.cn 电话：（010）68545888（营销中心）
经　　　售	北京科水图书销售有限公司 电话：（010）68545874、63202643 全国各地新华书店和相关出版物销售网点
排　　　版	北京水利万物传媒有限公司
印　　　刷	河北文扬印刷有限公司
规　　　格	146mm×210mm　32开本　9印张　157千字
版　　　次	2022年7月第1版　2022年7月第1次印刷
定　　　价	49.80元

第三章

联想力，突破记忆局限

第四章

转换力，形成思维记忆链

第七章

英语记忆法

第一章

发掘大脑记忆的奥秘

01
聪明的大脑是什么样的

东东今年上四年级，是全班有名的"小学神"。东东的同学们说："学神和学霸是有区别的，东东就是有聪明脑瓜的学神。"

语文老师觉得特别有意思，问他们："那你们说说，区别到底在哪儿呢？"

东东的同桌小雨说："老师，这题我会。比方说，我每天放学回家，不仅写作业，还要写我妈妈给我布置的课外习题。有时候，学到11点多才睡觉。您问问东东，他每天学到几点？"

东东在旁边想了想，说："一般我做完作业，会看一会儿课外书，最晚也就9点多。"

小雨一拍巴掌，对语文老师说："您看，老师，就这样，我期末考试还是没他考得好。所以我虽然学习勤奋，但顶多算是学霸；东东有一个聪明的大脑，他就是学神。"

语文老师听了，哭笑不得："你们这些小家伙，歪理还一套一套的。什么学霸学神，那是因为东东掌握了更好的学习方法。"

有些同学看起来很努力，为什么还会有成绩无法提升的困扰呢？其实就是这个道理——掌握好的学习方法比努力更重要。

尽管他们每天看起来都很努力，花费很多时间背课文、做数学题、默写单词，但他们习惯了死记硬背，学习时不够灵活。一段课文背不过，就重复两次、三次，一遍遍念出来，一直念到烂熟，方才背会。但会学习的同学在背诵时，会在大脑中构建课文中的场景，先把要背的内容编成"故事"，背起来自然更容易。

比如，杨万里有一首诗《小池》，一共要背四句：

泉眼无声惜细流，树阴照水爱晴柔。
小荷才露尖尖角，早有蜻蜓立上头。

小雨背的时候，就是把这首诗翻来覆去地念，念上几十遍，自然就"嘴熟"了，然后再让大脑也熟悉它。

东东是这样背的——先把这首诗翻译一遍，明白每句话都在讲什么，然后在脑海中把它们串联成一个个场景：

小池中一汪细细的泉水轻轻流出，树荫在晴朗的天气里照在水面上；荷花含苞待放，蜻蜓停在上面。

四句诗，每一句都对应着一个场景：泉眼、树荫、荷花、蜻蜓。记住这四个关键词，把场景记在脑子里，背起这首诗来就会很快！

那些看起来"聪明"的孩子，就是因为掌握了正确的学习方法，才能更轻松地学到知识！想拥有一个聪明的大脑，我们就先得了解它。只有了解它的特点，才能知道怎么用好它呀！

1.聪明的大脑不一定更大

不知道你有没有听别人讲过，"脑子越大的人越聪明"，好像聪明的大脑一定比普通人的更大一点儿。事实上，完全不是这样的。

大脑由很多小小的脑细胞组成，每一个脑细胞都承担着自己的工作，共同组成了这个复杂的小脑瓜。你知道脑细胞有多少个吗？一个健康的成年人的大脑大约有140亿～230亿个脑细胞！这可是一个天文数字。

如果你不知道这数字有多大，那么我把140亿写成数字"14 000 000 000"你就能看出来了，这个数字后面跟着这么多0呢！

这么多的脑细胞，就藏在我们的脑子里，而我们能用到的仅仅是其中的一小部分，其他的脑细胞一辈子都在睡觉，没有被我们唤醒，也根本不从事任何工作。也就是说，一个人再聪明，也只需要用到一小部分的大脑，别看我们的脑子长得不大，但完全够用了。

所以，聪明人的大脑不一定比其他人的更大，考查一个人聪明不聪明，主要看他能用到多少脑细胞。如果你是一个懒得动脑的小朋友，你的脑细胞也会懒洋洋的，很多细胞就睡着了。醒着的细胞越来越少，就应付不了你思考问题时的需要，所以你会觉得很多东西都看不懂，很多书也背不会。但相反，如果你养成了勤动脑思考的好习惯，能正确地使用自己的小脑瓜，脑细胞们就会被你唤醒，大家都勤奋地工作，帮助你思考，当你遇到困难时，大脑就有了更多的"小帮手"，自然可以轻松解决问题。

想拥有一个聪明大脑，就一定要学会唤醒睡着的脑细胞，这就是我们所说的"大脑潜能开发"。

2.让左脑和右脑相互合作

不仅人的手脚分左右，大脑也分为左右。虽然左脑和右脑长得一模一样，就像一对孪生兄弟，但它们擅长的工作可不一样。

根据很多科学家的研究，左脑是个擅长逻辑思维的家伙，当你看侦探小说时，负责推理的就是左脑。它还擅长记忆、语言、判断、排列、分类、书写、分析……也就是说，如果我们要背外语单词、记忆一首小诗、写数学题，都需要左脑来做贡献。这样一看，左脑可真是个忙碌的家伙。它就像一个聪明的科学家，能解决很多科学问题，处理我们学习上遇到的困难。

而右脑就像一个艺术家，擅长空间形象的记忆，当你来到一个新的地方、遇到一个新朋友，负责记住这些空间和人的就是右脑。右脑还负责情感、身体协调、视觉、美术、音乐、想象、灵感……这样一看，右脑是个舞蹈家、音乐家和画家，它擅长创造，拥有很强的艺术天赋。

左右脑擅长的工作不同，在学习背诵时，左脑的工作压力很大，右脑就清闲多了。如果我们能让左右脑分摊一下工作，左右脑一起忙碌，学习速度是不是就更快了呢？

而且，右脑处理信息的速度比左脑快，它能在更短的时间内做出信息反馈，工作效率特别高。这样聪明、高效的右脑，平时学习时却在"偷懒"，真是太可恶了。所以我们要想让自己变得"聪明"，就要学会让左右脑进行合作。

在接下来的训练里，我会教给大家，如何把需要左脑处理的文字资料转变成图像或影像，转变之后就是右脑擅长处理的内容了。这样一来，我们的左右脑可以分工合作，共同解决记忆的难题，让背诵记忆的速度超过原本的两倍。

想到这点，你是不是也很激动呢？那就快点儿开始学习这种神奇的记忆法吧！

02
记忆：测试你的记忆力

我想，每个同学都很好奇自己的记忆力到底处于怎样的水平，自己的记性到底好不好。

衡量一个人的记忆能力，其实有很多的标准，"记忆"这个词本来就是由"记"和"忆"两个字组成，前者代表我们识别信息、在脑海中保持信息的能力，后者则表示回忆、确认信息的能力。两个方面都要考虑到，才能全面评价我们的记性到底好不好。

在大家眼里，正在上四年级的小峰同学，一直是一个记忆力特别好的孩子。不管是老师课上布置的要求"识""背"的内容，还是平时在课外书上看到的内容，他都能很快记住，只要用心花点儿时间，就可以完美地复述出来。

老师要求大家背诵课文的后三段，小峰花了不到半个小时，就能大致将后三段的内容背会了，这种记忆能力不知道羡慕坏了多少人！因为他记忆的速度太快了，节省了很多时间，学习效率特别高。

"每天老师布置的作业，我只要花一个小时就做完了。"小峰经常高兴地说。但在期末考试前，最忙的也是小峰。

"你怎么还不睡觉啊？在看什么呢？"妈妈担心地给小峰送来一杯热牛奶，看了看钟表，已经是半夜了，小峰还趴在桌上复习。

小峰苦着脸对妈妈说："我再把这几篇课文看一遍，之前明明背过了，但现在都忘得差不多了！"

小峰的问题就在这里——明明自己背东西很快，但为什么记忆时间并不持久呢？看几遍就能背过的内容，过了一两个月，可能就忘干净了，但是其他同学却还记得。

所以，判断记忆力好不好要从几个方面进行衡量，不能只看他背东西的速度，也要看他记忆的准确性和持久度。

1.记忆速度

同样篇幅的文章，同样数量的单词，有的人可能只花几个小时就背过了，有的人却需要两三天。不同的人短时间的记忆速度有很大差异，而速度越快，就会显得效率越高，背诵内容越轻松。

2.记忆准确度

判断一个人的记忆力不仅要看速度，也要看准确度。如果不能准确地将要背的内容记下来，那我们的学习成果就打了折扣。想象一下，你背书的速度很快，但总是马马虎虎、错漏百出，不是这边落下了内容，就是那边背错了信息，考试时还能拿到理想的分数吗？所以，又快又准才是好记性的表现。

3.记忆持久度

小峰的记忆速度和准确度都没有问题，但是他欠缺了记忆持久度。如果没有记忆持久度，短时间内我们可以将临时记住的内容留存在大脑中，应付考试或者老师的检查，但是时间一长，这些信息就会被抛到脑后，忘得干干净净。更严重的是，你可能刚坐在考场的椅子上，就因为太紧张把昨晚记住的知识点忘掉了。

所以，优秀的记忆能力一定兼顾这几个方面：在速度、准确度和持久度上都能表现得很好。你想知道自己的记性怎么样，不妨综合这几个角度，做一下测试题，测一测自己的记忆力。

这是一套问答题，目的是检测我们的记忆力，1～2题是选择题，3～10题用"是"或者"否"来回答，测试结果会在最后揭晓。下面，我们就开始吧！

1.在下面几个选项中，你觉得最符合的一项是（ ）。

A.回想以前背过的内容，即使有零星的片段提醒，内容也基本记不住。

B.能很容易、清晰地在脑海中回忆以前看过的内容。

C.经常混淆以前的记忆，容易把两件事或两个内容弄混。

D.需要一些提示才能想起以前的记忆，但是能清晰地辨别出自己看过的内容。

2.你平时用什么方式来记忆和背诵资料呢？（ ）

A.先记整体再记细节，就是把要记忆的内容综合归纳在一起。

B.记忆细节，将要背的内容分开，然后一项一项记忆。

3.你平时喜欢读书，尤其是精读，你会用这和方式学习新知识记在脑中吗？

4.你在背诵内容时，会利用其他办法，比如想象画面、画图、画表格的方式来帮助记忆吗？

5.在很多信息里，你能不能快速归纳出最主要的部分，并将这些信息用简单的词汇串联在一起呢？

6.面对生活中一些无关紧要的小事，比如前天一日三餐吃了什么，你能很清晰地回忆起来吗？

7.背诵内容时，你是不是一定要先理解才能背过，相互之间没有关联的内容就很难背诵呢？

8.你平时能主动集中注意力吗，专注背诵时会不会速度更快一些？

9.你是否习惯将那些相似的、有关联的内容归纳在一块记忆呢？

10.在记忆时，你会不会借助一些方法，比如反复听、说、写或者亲身重复，来加深对要记忆的内容的印象呢？

测试结果：

第1题中，选择A的同学记忆力不太好，需要多多锻炼；选择B的同学记忆力比较强；选择C的同学面临记忆不准确、记忆模糊的问题；选择D的同学记忆力一般，但可以提升。

第2题中，选择A的同学比选择B的同学记忆力更强一些。

在3～10题中，选择"是"说明你的记忆方法正确，记忆力也比较强；选择"否"说明你的记忆方法还可以改进，记忆力还能提升。

经过测试，你知道自己的记忆力处在哪个水平了吗？

03
影响记忆力的因素多种多样

多多今年上五年级了，自从进入高年级，他经常因为成绩不理想而感到沮丧。

"爸爸，我压力太大了。"多多一进门，就倒在沙发上长吁短叹，"这次考试感觉又考砸了。"

爸爸从厨房里走出来，态度和蔼地说："那你有没有想想，是因为什么没有考好呢？"

多多拍了拍自己的脑袋，说："都怪我天生记性不好，您说，是不是怪您和我妈妈，没有给我遗传一个好记性啊？"

爸爸这下可无奈了，教育多多说："你怎么能把自己的问题怪到别人身上呢？"

是不是有很多同学都像多多一样怀疑过自己，为什么自己的学习效率这么低、背东西这么慢，是不是自己天生记性不好呢？

我来告诉你，这是最没有道理的一句话！天生记性不好只是很多人给自己找的一个借口，比如，有些人觉得自己学习不好是因为记性不好，再怎么努力也没用，就干脆不努力了。而实际上，只要通过自己的努力，我们完全可以改变这种"记性不好"的状况，拥有一个"聪明"的大脑。

在这之前，我们要先了解一下自己为什么"记性不好"。其实，影响记忆力的因素有很多，没有人天生就记忆力不如别人，是因为很多复杂因素导致我们的记忆力产生了差别。

1.学习方法影响记忆

在传统的教育方法里，老师虽然会引导我们学习新知识，告诉我们需要背诵和记忆哪些内容，但不会告诉我们怎么背才会更快，更不会告诉我们怎样使用正确的学习方法可以开发我们的大脑。就像前面所说过的，如果调动左脑和右脑一起来努力，背诵速度就会大大加快。所以，很多同学一直在用错误的办法记忆新知识。

举个例子，好多同学在完成背诵作业时，就是将要背的课文反复读十几遍、几十遍，直到读熟练了自然会背。但是，利用这本书里介绍的记忆法，你可以只看几遍就把课文背过，因为你是动用大脑去记忆，而不是用嘴巴去念、用眼睛去看。

这就像我们要出去旅游，一部分人选择骑自行车去，需要花好几个小时；还有的人选择开车去，几十分钟就到了。背诵时，掌握的不同学习方法就像我们选择的不同交通方式，有些学习方法就像记忆道路上的汽车，跑得飞快，所以效率特别高、记得特别迅速。

现在，请你抛弃那些死记硬背的方法，去寻找正确的记忆方法，你会发现学习和记忆不是一件非常困难痛苦的事情，反而能给自己带来快乐，更能解放大脑。

2.自身情绪影响记忆

除了外在的学习方法会影响我们记忆能力，自身情绪也是影响记忆能力的因素之一。相信你一定记得考试时的心情，在考试时，你是不是会感到紧张呢？很多同学一上考场就紧张，紧张时，面对考卷完全无法思考，脑子就像一团糨糊，原本学过的内容、背过的书本，全都忘得干干净净。

类似的紧张心态，还出现在很多情况下：被老师叫到台上发言时；在全校师生面前表演节目时；假期快结束却还没补完作业时……每当在类似的时刻，我们内心会产生强烈的紧张情绪，记忆力就会随之下降。过度紧张会让我们不能集中注意力，大脑的活跃思考陷入停滞状态，记性自然变差。所以，我们要学会控制自己的情绪，保持平静、专注、积极的状态，减少压力和紧张，才会记得更快更牢固。

3.学习材料影响记忆

学习材料也会影响我们的记忆，意思是我们要背、要记的内容不一样，记忆的效果也不一样。

"老师指定的课文，有的容易记，有的难记，我也不知道为什么。"

"长英语单词不难记，但是长得像的单词就特别不容易记。"

……

这样的话你是不是也听过呢？如果把我们要记的内容整理成材料，这些内容出现的前后顺序、出现的方式不同，都可能影响我们记忆的效果。

首先，人的记忆有"序位效应"。当我们要记很多内容时，排在最前和最后位置的内容，给我们留下的印象一般最深刻，而在中间部分的内容最容易遗忘，这就是"序位效应"的表现。比如，当你拿到班级排名表时，会发现自己很容易记住排名靠前和靠后的同学的名字，但中间部分的名字就会记得很混乱。这是人的意识中普遍出现的一种效应。

其次，我们的记忆还会受到"闪光灯效应"的影响。在漆黑的雨夜，天空中出现的闪电会给我们留下深刻的印象，有些事物就像闪电一样震撼，哪怕出现的时间很短，我们也可以记得很清楚。小时候我曾经不幸食物中毒，在家呕吐了一整夜，直到二十几年后的现在，我仍然记得那天午餐吃了什么、是什么天气、电视上在播放什么电视剧。因为突发的食物中毒给我留下了深刻印象，对我的感官形成了强烈刺激，所以我的大脑将那一天出现的事也都记得清楚、深刻和长久。

你是不是也有这种情况呢？有些印象深刻的事情，就算过了很久也会记得很清楚，这就是记忆的"闪光灯效应"。"闪光灯效应"在学习时也可以被我们利用，只要把要记的信息和我们印象深刻的内容联系在一起，就更容易记住。

举个简单的例子，英文"parent"的意思是"父亲或母亲"，如果要记这个词，你可以将它拆解为"父亲或母亲怕（pa）人（ren）踢（t）"，这样一记，是不是觉得既有趣又出乎意料，而使印象非常深刻呢？一联系起来，立刻就把这个单词记住了。

最后，"莱斯托夫效应"也会影响记忆。"莱斯托夫效应"是指学习内容中那些看起来最特殊的部分，反而最容易记忆。比如，老师给你布置了10个单词要背，有的单词很短，就像"is""and"，还有的单词很长，就像"bedroom""window"。这里面最短或最长的单词，其实都很容易记，因为它们很特殊，你就会不自觉地多注意它们。

反而类似于"show""slow""small"这样不长不短的单词，看起来很不起眼，彼此之间又很相似，记忆起来特别容易弄混。

比如，当我们进入新班级、有了新同学时，那些稀奇古怪、特别难写的名字反而很容易被大家记住，而比较正常、不出奇的名字，需要花点儿时间才不会弄混。这是因为我们会下意识地关注那些特殊的名字，忽略正常的名字。

所以，在记忆时千万别忽略任何一个地方，每个部分都应该花时间去记，只要把要记的内容当作难点去攻克，给予足够的关注，你很快就会记住它们。

现在我们了解了影响记忆的因素，接下来就能更有针对性地进行记忆训练，学习正确的记忆法了。

04
三种典型记忆方式

"记忆"这个词，在不同领域有不同解释。在心理学上，"记忆"是人们凭借过去的经验学到并保留下的行为，而且在需要时，不需要多练习，就可以在脑中重现。

也就是说，能成为"记忆"的内容，一定是我们牢牢记着、忘不了的信息。但是大家也知道，我们记的信息会随着时间而逐渐遗忘。所以，根据我们保存记忆的时间不同，分为三种典型的记忆方式。

1.瞬时记忆

瞬时记忆，又被人称为"立即记忆"或者"感官记忆"，就是我们通过自己的五感，即视觉、听觉、嗅觉、触觉、感觉，在感受到刺激时产生的短时间记忆。

比如，你走在上学的路上，会闻到马路边的早餐店传出的香味，会听到街道旁的陌生人交流的声音，会感受到风吹过皮肤、吹过头发的感觉，这些都给我们带来了相应的感官刺激，让我们在这一瞬间记住了味道、声音、触感，但当它消失时，如果我们没有特别去记过，就很容易忘记。

也许你能想起隔壁奶奶说话的声音，但你一定不记得上学路上的红绿灯路口到底有多少人走过了马路。这是因为隔壁奶奶经常跟我们说话，这种短暂的记忆在不断强化之后被延长了，成为一种长时记忆；而过马路的路人数量每次都不一样，所以这一次短暂出现之后就被我们遗忘了，成为瞬时记忆。

所以，那些出现次数很少、时间很短，让我们很快遗忘的记忆，就属于瞬时记忆。如果我们能反复复习，多次强化，就能让瞬时记忆延长，保留得更久。

2.短时记忆

短时记忆是瞬时记忆延长得到的，一般能保存20秒左右。只有我们投入注意力之后，短时记忆才会出现。

举个小例子，当你逛超市时，每个货架上都摆放着几十种商品，每个商品都有单独的标签和价格，你会记得自己看过的所有商品和价格吗？

肯定不会！

你推着购物车路过很多货架，不一定会注意标签上的价格，就算它们出现在视野里，你也不会把它们记在心上，这就是瞬时记忆——当你挪开眼睛时，记忆就消失了。

但是，如果你想买某种商品，就一定会记住、对比它的价格。比如，你想买一包薯片，却不知道买哪个品牌的更划算，你就会对比一下几包薯片的价格。这时候，你对薯片的价格投入了注意力，它们就会被你记在心里。不过，这种价格在脑海中保留的时间并不长，通常在你回家之前就会被忘光了。

短时记忆之所以这样出现，是因为我们想记住某些内容，所以它的记忆时间被延长了。但如果我们只是临时需要记一下，大脑不再进行加工处理，这种记忆就只能保存20秒左右。

再比如，你需要记住一个陌生的号码然后拨打过去，你会怎么办？一般情况下，你会记住它并尽快把它写在电话本上，然后就把这个电话号码在脑子里清除。我敢保证，当你把电话抄写在本子上的下一秒，你就开始遗忘了。

因为你知道，自己不需要长期记住这个信息，只是暂时用大脑"中转"一下。所以，大脑没有对信息进行进一步的处理，只是成了信息的搬运工，帮你把它"搬"到了电话本上。这样，它在大脑中停留的时间就很短。

但如果这个号码是你爸爸、妈妈的电话号码呢？因为你以后还会用到它，所以你一定会在心里多念几遍，甚至有意识地把它背过，只有这样才能在需要时快速拨出去。因此，你的大脑会接受这个信息，将它处理、整合、存储，存放在大脑"房间"的某个位置，等你下次需要时再打开。

这样一来，短时记忆就变成了长时记忆。

3. 长时记忆

长时记忆，就是指长久不会遗忘，甚至一辈子都不会忘的记忆。

你会骑自行车吗？游泳呢？如果你会的话，一定体会过那种感觉—— 一旦学会骑车或游泳，轻易不会遗忘。就算很久不骑车、不游泳，只要有机会再试一试，你还是很快就能掌握它，不需要像个新手一样重新学习。

如果你不会骑车或游泳，也不要紧，想一想自己是怎么学会走路的吧！自从学会走路，你就再也不会忘记这种感觉了，它简直像呼吸、吃饭、喝水一样自然，好像我们天生就会一样。但实际上，在你学会走路之前，你一定摔了不少次才掌握了这种技巧呢！

所以，不管是走路、骑车还是游泳，都是我们通过不断练习掌握技巧之后，获得的长时记忆。在学习中，类似的情况更是数不胜数。

《静夜思》是李白的诗，《咏鹅》是骆宾王的诗，"春眠不觉晓"的下一句是"处处闻啼鸟"……

只要你背过这些诗，就一定不会忘记，甚至等到你长大成人几十年后，也仍然记忆清晰。因为我们在背诵之后，又会在生活、学习中不断看到它们，一次次强化认识，让记忆变得牢固，最终成为长久的、终身的记忆。

了解记忆的种类，能帮助我们做什么呢？

我们的目标就是将学习中重要的内容都转化为长时记忆，但大脑会接触很多信息，我们得知道自己需要记住的是什么。只是过个马路，我们就会看到路边的广告牌、听到身边路人的交谈、注意到时间过了多久，这些都是不重要的瞬时记忆信息。而学习中，也存在很多这样"过马路"的瞬间，有很多信息一闪而过，不需要记忆，如果我们不会选择，全都要求大脑记住，就会给自己带来很大的负担。

思韵已经上五年级了，妈妈教她在上课的时候记笔记。

"你不是担心错过老师讲的内容吗？那你就把老师讲的东西记下来，写在书上、课堂笔记上，等下课以后再复习，期末考试之前也可以看一看。"妈妈这样教导思韵。

思韵这样坚持了一个月，就忍不住要放弃了，她告诉妈妈："你说的记笔记的办法实在是太累了，我每天都记，但跟不上老师讲的速度呀！"

妈妈很诧异，老师讲课为什么会这么快呢？她翻开了思韵的书，发现上面被笔记写得满满当当，连课文每行之间的空隙里都是思韵的笔记！

仔细分辨，思韵居然还在空白处记下了老师上课讲的笑话。妈妈忍不住说："也不用什么都记下来，这样你肯定记不完呀！"

思韵却说："不是你说的让我把老师讲的都记下来吗？"

妈妈摇了摇头："我说的是让你把课堂的重点内容记下来。"

老师经常给我们"划重点"，就是把学习内容中最重要的部分标记出来，让我们重点复习。记忆内容时也是这样，一定要学会"划重点"，千万不要和思韵一样，连老师上课讲的笑话都记。这种什么都记的方式，就等于什么都没记，因为大脑根本记不住这么多信息。

了解大脑的记忆模式以后，我们就要学会替它"划重点"，只需要把重要信息选择出来，重点记忆，让大脑形成长时记忆，就可以帮助我们取得更好的学习成绩。

大脑就像一个房间，如果你把毫无意义的信息都丢进去，要大脑整理存储起来的话，大脑很快就会被各种信息垃圾塞满了，不仅占用我们学习的时间和精力，还会占据大脑的存储空间，影响记忆力。

相信大家在知道几种记忆方式之后，一定会懂得给大脑"划重点"的重要性。

05
如何抵抗遗忘带来的负面影响

对长时记忆最大的挑战和敌人是什么？

就是遗忘。

"我记得快，可是忘得也快，这不就白记了吗？"经常有同学有这样的苦恼，虽然他们的记性并不差，但是遗忘的速度也很快。大脑就像个破了洞的口袋，自己辛辛苦苦往里面塞知识，大脑却装不住它们，都从洞口漏出去了。这该怎么办呢？

飞飞在背英语单词时，就总是面临这种问题。尤其是遇到相似的单词，背起来就更困难了，还特别容易记混或遗忘。

"quite 的意思是'相当的'，quiet 的意思是'安静的'。"飞飞嘟囔了好几遍，还是烦躁地把书扔到了一边，

"哎呀，烦死了，烦死了，这两个英语单词看着都容易弄混，怎么记住嘛！"

妈妈听了，走过来揉了揉飞飞的脑袋，说道："你别着急，看，'quite'这单词读起来就像'快特'，一听就'相当的'干净利落，是不是很容易联想到它的汉语？而'quiet'听起来有一个'呃'的读音，是不是就像一个人犹犹豫豫说不出话来？"

飞飞想了想，惊奇地说："您这么一说，我一下子就记住了"

妈妈气笑了，拍了飞飞一下："再好的办法也得注意复习！信不信，不管再难的单词，只要你坚持复习七八次，就一定能记熟。不然，就算有了简单的背单词法，也会很快忘掉。"

飞飞郁闷了："这是怎么回事，是我的大脑被施了遗忘魔法吗？"

遗忘就像记忆的魔咒，没有办法彻底消除。但是可以通过科学的方法降低遗忘的速度，让大脑"记得快，忘得慢"，这样记忆效果就变好了。

说到这里，就得聊一聊一位名叫艾宾浩斯的德国心理学家。艾宾浩斯对记忆和遗忘的秘密非常好奇，他做了很多试验去研究大脑的记忆规律，最终整理出了大脑的遗忘习惯，把它画成了一条曲线，这就是著名的"艾宾浩斯遗忘曲线"。

这是什么意思？就是说，艾宾浩斯虽然没有解开遗忘魔咒，但他掌握了大脑的遗忘规律。他的研究告诉我们，当你记忆了一些内容，一个小时之后，就会忘掉其中的一半；一天之后，你还能记住三分之一；一个星期之后，你只能记住四分之一；一个月以后，就只有五分之一可以被记住了。

也就是说，大脑在一点点遗忘我们记忆过的信息，而且在短时间内忘得最快，时间越久，反而忘得越慢。艾宾浩斯的研究揭露了大脑的遗忘秘密：抵抗遗忘的最好办法就是复习。

没错，就是定期对内容进行复习，这能让我们把信息记牢。

1.不翻书的复习法

大多数同学在复习时，一般会一边翻书回顾，一边再次学习。现在我却要说，我们复习时不能翻书。你是不是觉得很奇怪呢？

这是因为如果我们一开始就翻着书复习，那么一遇到遗忘的地方，就会控制不住自己，立刻想翻书确认。这样一来，复习完一遍以后，我们根本不清楚哪些地方是自己遗忘得比较严重的地方，哪些地方还可以通过思考回忆起来，复习的效果会大打折扣。如果不能脱离书本，就算复习三五次，我们还是习惯依赖书本。

所以，我们复习时要习惯不翻书。在脑海中将我们要复习的内容过一遍，就像在大脑中放电影或者翻阅一本书一样，按照学习的顺序，将这些知识点全都回忆一遍。

每当遇到自己记不清、卡壳的内容，或者担心记错了想确认一下的地方，就先把它放在一边，继续往下回忆，直到将所有的内容都复习一遍。

之后，再回来一个个解决刚才遗忘的地方。有时候，当我们复习完一遍，再回头看那些遗忘的地方，会很容易就想起来究竟是什么。就算一时半会想不起来，放轻松一些，主动调用我们的大脑反复回想，也容易回忆起来。

如果实在想不起来了，再翻书查找、确认，再次记忆。相信我，当你经历了这个"先求助自己，再求助书本"的思考过程，对这些内容会记得更快更牢，也查验了你对知识的掌握情况。

2. 找到适合自己的复习时间

每个人的习惯不同，有的人在清晨大脑最清醒，背诵记忆的速度最快，特别适合在这时候复习；有的人夜晚睡前的效率最高，这时候记忆事半功倍。所以，我们要找到适合自己的复习时间，才能有效地提高学习的效率。

科学研究表明，根据生物钟，晚上睡觉前的一个小时和清晨醒来后的一个小时，是一天中头脑更清醒、杂念更少的时刻，这时如果能专心复习，效果会特别好。

为什么睡前复习的效果特别好呢？因为睡眠时，虽然我们的身体休息了，大脑也从浅眠进入深眠，但大脑皮层在睡眠初期仍然活跃，会把白天接收的信息进行分析整合，就像在进行一天的"复盘"一样。在这个过程中，大脑会将有价值的内容整理存储起来，形成较长时间的记忆，而没有价值的信息则会被它抛弃。

所以，如果睡前可以对大脑进行刺激，复习一些重要的内容，大脑就会在睡眠时下意识地将这些信息再次整理、存储，起到强化记忆的作用。

3. 在恰当的时间间隔内进行复习

根据艾宾浩斯的研究结果，当我们记忆一些内容之后，每隔一段时间就会遗忘其中的一部分，而且距离记忆的时间越短，遗忘得越快。所以，我们完全可以针对大脑的遗忘习惯来进行复习。

比如要求背诵一段课文，在刚背过的几个小时内，忘得是最快的；背过几天之内，还会忘一些，但是速度会慢很多；等过了很久，记住的内容就差不多固定了，而且不容易忘记。

所以复习时，在刚背过以后要多复习几次，比如一天之后背一遍，一周之后再背一遍，等巩固复习结束了，就可以将复习时间段延长，改成一个月、三个月背一遍，而不用天天检查、天天背诵，我们可以省下很多复习的时间。

掌握了科学的办法，只需要运用简单的技巧，你就能抵抗遗忘的侵蚀。

06
让记忆更鲜明的技巧

当你拿着书本和课堂笔记，需要记忆里面的内容时，可以运用一些小技巧让自己的记忆更鲜明。

1.做笔记不要照抄板书，记忆更方便

你可能常常听到这样的说法："想理解这个知识点，你就应该把它记在笔记上，下课时多研究一下。"没错，在学习、讨论的过程中，将我们需要背诵的内容和需要理解的知识记录在笔记本上，能够方便我们复习背诵时使用。

在做笔记和学习的过程中，我们常听到一种说法——在学习的第一阶段应该将书"越读越厚"，在读书时多记笔记，让书的内容变得"更多"；而学习的第二阶段则是将书"越读越薄"，把已经学会的内容不断筛选出去，留下还未理解透彻的，以减轻复习时的压力。

在写笔记时，你一定要注意，千万不要照搬照抄。也许你在小学低年级阶段是跟着老师一笔一画抄板书走过来的，但请相信我，一旦需要真正动用自己的大脑来学习时，再跟着老师写板书就很难发挥效果了。仔细想想，是不是我们即便开小差，也可以一刻不停地抄写板书呢？

没错，照搬照抄只能让我们成为文字"搬运工"，即便是在你特别困的时候也能把老师的板书"搬运"到笔记本上，但是你可能根本不知道自己在写什么。这样一来，你就错过了学习的过程，根本无法理解要学习的内容。

而自己一边听讲、一边理解板书，根据自己的理解和记忆程度有重点地记录，这个过程就不仅是在抄写了，而是一边抄一边学习。这样一来，你能用更少的时间记录更少的内容，却能比别人更高效地记住知识。

2.记笔记千万不能五颜六色，要有主次

"老师，你看我的笔记本，记得可认真了呢！"小飞一边说，一边给老师展示自己的课堂笔记。

的确，小飞把笔记工整地记录在本子上，每条每点都没有落下，写得特别整齐，还用不同颜色的笔区分不同内容。可是，他有七种颜色的笔，笔记就是用七种颜色写

的，一眼看过去，就像彩虹一样五颜六色，老师都不知道哪里才是重点。

我知道，同学们在做笔记的过程中，很少会一种颜色用到底。如果你只会使用黑色或蓝色的笔来记录，一眼看过去，笔记内容就显得很平淡，也看不出什么地方是重点。所以，你的老师是不是也强调过，要用红色笔或荧光笔来标记重点，突出重要的内容呢？

这样做是对的，因为我们的眼睛习惯于捕捉鲜艳的颜色。你知道交通灯为什么设计成红黄绿吗？就是因为它们看起来特别明显，很容易被司机注意到。

所以，一般强调重点的色彩都比较艳丽。这种小技巧在生活中比比皆是，随便翻开一本书，你都会发现里面有色彩艳丽的小标题，那些都是重要的总结性内容。

但是，用五颜六色的笔将笔记装饰得"绚丽多彩"，是不是就代表你的笔记做得好呢？其实并不是这样的，你要记住，千万不要让笔记变得五颜六色。

我的法则是——笔记的颜色最好不要超过三种。

记笔记时，我会使用黑色或者蓝色的钢笔记录一般性内容。如果遇到重点内容，我会用荧光笔将其覆盖或者画下划线强调，使内容更加突出。

这样记录完毕，第一次笔记就做完了，我用了两种颜色的笔。等到复习、记忆时，我会在需要着重背诵的地方用红色中性笔记录。这样一来，就强调了需要多花时间记忆的内容，以后复习时，可以多看红色笔和荧光笔标记的地方。

你会发现这种标记方式，可以让我们的记忆更鲜明，复习也更顺利；每次复习时不用再背所有的内容，只要记自己划出来的重点范围就行了。

所以，用好我们的学习笔记，可以让记忆更鲜明、让学习更省力。

第二章

增强记忆的黄金法则

Part 2

法则一：音节长度影响学习速度

大家都知道一个道理——越长的内容背得越慢，越短的内容背得越快。

但是，到底多长才算长，多短才算短呢？

"我觉得不是这样。"四年级的佩佩提出了自己的意见，"老师让我背古诗时，有的诗一句有5个字，有的诗一句有7个字，可是我觉得它们都一样很难背。"

佩佩背诗时，觉得一句有5个字或7个字一点儿差别都没有，挑战难度都是一样的。不知道你是不是也这么觉得？

我说："这是因为诗的字数差别太少了，我们背的诗，最长也就是7个字，比5个字多不了多少。要是改成背课文，这里面的差别可就大了。"

佩佩很赞同这一点："这倒是，老师让我背两段课文时，我就觉得比背一段课文难多啦！"

"所以，你知道是什么在影响你的学习速度吗？"我问她。

佩佩摇摇头。我想，也有很多跟她一样的同学不明白这里面的道理。

其实，秘诀就在我们所记忆的内容长度里。根据科学研究，如果一句话超过了7个字，那么我们很难读一次就记住它，而是需要反复读好几次，才能将这句话记住。

如果你背一句7个字的句子需要花1分钟，那么记一句14个字的句子，就需要花远超过2分钟的时间。我们看到的音节长度，会影响大脑的记忆速度。

【方法细分析】

艾宾浩斯曾经用背诵音节的方式，专门测试过大脑的记忆能力。通过反复实验，他得出了一个结论——大脑的黄金记忆数量是7个音节。

当一次记忆的文字数量不超过7个时，人们可以读一次就复述、背诵出来。但是，如果这个数量超过7个，我们的大脑就会觉得困难，经常出现问题。

我们可以试着读记下面这几组数字：

3827

49563829

9829782

467826

你会不会发现，第一、四组数字的数量低于7个，我们读一遍，立刻可以顺畅地复述出来；第三组数字正好是7个，只要专心去读，一次也能复述出来，实现短时间内的背诵；第二组数字有8个，除非特别专注，否则我们需要多读几次，才能复述成功。

这简直是一个神奇的大脑魔咒。之所以我们在背诗时会觉得很顺利，那是因为大多数诗的音节都小于或等于7个，正好符合我们大脑的认知规律；但是背课文、背英语时，常常会觉得有困难，因为这里面涉及的字数远超过了7个。

遇到这种情况，或许你可以试一试，将一行较长的文字拆分开背诵、记忆，让它始终处于7个字以内。这就是分段式记忆。

【案例巧解析】

我们可以用记数字和背课文的例子来讲解，怎样"分段式记忆"。

下面是一串数字：

123407582809

这串用来举例的数字有12位数，当我们不断开地读下来，会发现读完根本记不住、记不准。但是，如具我们给它分段，读起来就会有节奏，也更容易记。

比如，我们可以将其分成"1234/0758/2809"，或者"1234/075/82809"。按照这种分割方式来读一读，是不是感觉对数字的认识清晰了一些，读一遍就能快速复述了呢？

这是因为我们在分隔之后，每次只需要读3～5个数字，这在我们大脑的认知范围内，所以记起来就很快。

我们再来看一下这段摘自课文《彩虹》的句子：

哥哥，如果我把你系在门前树上的秋千拿去挂在彩虹桥上，我坐着秋千荡来荡去的时候，我的花裙子不就成了一朵彩云飘来飘去吗？

这段句子最大的特点就是特别长，读起来都很困难，更不要说背诵了。下面，我们要把长句子按照组成划分开：

哥哥，如果我把/你系在门前树上的秋千/拿去挂在彩虹桥上，我坐着秋千/荡来荡去的时候，我的花裙子/不就成了一朵彩云/飘来飘去吗？

在读这句话的时候，我们可以按照自己习惯的方式进行断句，同时，我们要提炼这句话里面的主语和宾语，或是这句话要说的主要内容，这样读起来更顺利、舒畅，通过记忆主要内容的方式去记这句话，也会更快。

主要的内容其实是：

哥哥，我把秋千挂在彩虹桥，坐着秋千荡来荡去，花裙子成了彩云。

这样再读长句子就容易多了。

法则二： 音节顺序影响记忆保持

当我们要记忆一组内容时，音节出现的前后顺序也会影响我们记忆的持久度。

比如，老师一定告诉过大家，我们背诵的古诗都是有韵律的，这样念古诗的时候，才会产生抑扬顿挫的感觉。正是因为诗歌本身有韵律，所以背起来就会觉得朗朗上口，比一般的内容容易记诵。

媛媛背诗时特别喜欢搞怪。一首诗，每一句都有前后顺序，但媛媛背上几遍，就会觉得不耐烦，忍不住故意把句子打乱顺序念着玩。

比如，今天老师要大家背《悯农二首（其二）》这首诗，媛媛念了几遍就不耐烦了，开始打乱顺序，这样念：

谁知盘中餐，锄禾日当午。

粒粒皆辛苦，汗滴禾下土。

妈妈听到媛媛像念经一样背书的声音，好奇地走过来，哭笑不得地说："好好的诗怎么能这样背呢？你这样岂不是永远都背不过。"

媛媛却摇头晃脑地说："反正不都是四句话，怎么背不一样呀？"

妈妈说："你这样背有没有觉得很拗口？每一首诗都是有韵律的，读起来才朗朗上口。你现在这么念，不会觉得不舒服吗？而且诗的意思也变了。这样读起来，意思就是'谁知道盘子里的饭，来自中午农民顶着炎炎烈日为其除草的禾苗。每一粒都饱含着农民的辛苦，汗滴落在禾苗下的土地里'，这样理解起来不更困难了吗？"

媛媛很奇怪："这可真有意思，一旦把一首诗的顺序颠倒，就不容易记了，可是我一个字也没有增加呀！"

这就是语句的韵律、含义被打乱顺序之后，对记忆带来的负担。

所以，想加快我们记忆内容的速度，最好的办法就是按照一定顺序来安排内容，这样记起来会快很多。

【方法细分析】

打乱音节顺序会影响记忆，是因为很多连续的词汇和句子之间具有逻辑上或空间上的规律。当我们打乱顺序时，这种规律也被打乱了，我们的意识就会变得混乱，难以记忆这些庞大的信息。

这是因为人的大脑有很强的联想能力。我们在记忆一些内容时，不是孤立地认识某个词，而是从一个场景中认识某个词，进而联想到许多相关的词。

比如，当我们记忆"跑"这个动作时，不会单独记住它，一定是先认识了"胳膊""腿""道路""方向"，知道这些词都指的是什么之后，才知道它们组合在一起的某个动作是"跑"。如果让一个刚出生没多久的婴儿理解"跑"这个词，他肯定不知道是什么。

所以，我们的大脑有非常强的联想能力。看到"早餐"，你就会想到"包子""油条""豆浆"，看到"天"，你就会想到"云""雨""鸟"……如果这些有关联的词能按照一定顺序排列，记起来就会很容易。相反，如果被打乱了顺序，记起来就麻烦一些。

还是以《悯农二首（其二）》为例，如果我们把这首诗里的几个意象提取出来，按照词语之间的关联进行排序，你能快速把它们记住吗？比如——

太阳　中午　农民　流汗　禾苗　土壤　食物

在诗给我们描述的场景下，我们很容易就能记住这7个有关联的词。当你想到"太阳"时，就会联想到"中午"，想到"中午"就会想到"农民"和"流汗"，从"农民"又能联想到"禾苗"，从"禾苗"联想到"土壤"……

你会发现，相邻的两个词之间具有很强的联系，当我们想到前一个词，脑海中就会随之浮现出后面的词。那你再想一想，如果"太阳"和"土壤"这两个词单独出现，你还能很快从"太阳"联想到"土壤"吗？这两个词在顺序上隔了几个位置，关联性也差了很多，我们很难想到"太阳"和"土壤"之间有什么联系，背诵起来就不容易了。

所以，我换一个顺序，你记忆起来就会困难很多，比如——

太阳　土壤　流汗　禾苗　中午　食物　农民

这种排列方式，就会阻碍我们记忆。因此，要快速记忆，一定要注意内容顺序的逻辑性。

【案例巧解析】

如果要记住下面这些信息，你知道该怎么做吗？

小明在等小红。

今天是星期天。

小明在公园里。

小明要把一本书给小红。

小明坐在椅子上。

要想把这些信息都记住，我们可以给这五个短句创造一个关系，那就是按照描述事情的顺序将它们排列、简化，最终总结为"谁"+"什么时候"+"什么地点"+"做什么"+"怎么做"+"为什么做"的顺序。

这样一来，句子可以整合成：

小明星期天在公园坐在椅子上等小红，要把一本书给她。

通过调整信息的内容，让它更有逻辑性，我们可以更快地记住它。

法则三：理解意义以后记起来更快

老师在讲课时，经常给大家用一些毫无关联的词、数字来做例子，教同学们怎样快速记住一系列毫无关系的数字或字母。这只是日常训练记忆能力时用到的一些例子，在生活中，大多数需要记忆的内容都有明确的含义和关系。

这时你会发现，如果你能理解内容的意义，那么记起来速度就会变快。

上个学期，小菲因为感冒请了两周假，没来上学。回到学校之后，她发现自己的数学课突然跟不上了。在请假的两周里，老师教了大家什么是"分数"，大家做了许多练习。

这些小菲都没有学，所以她根本不知道分数的概念，也不懂分数的运算题应该怎么做。妈妈告诉小菲："只要你上课多听，下课多学，很快就能把功课补回来的。"

小菲觉得更苦恼了："可是我现在上课根本听不懂，补什么呀？"

老师让大家做分数的练习题，开始是同分母的分数计算，比如这种：

$$\frac{1}{5} + \frac{3}{5} = \frac{4}{5}$$

虽然小菲不理解分数的意义，但也可以照葫芦画瓢地算一算。她想："看来分数的计算就是忽略这个横杠下面的分母，用上面的分子做加减乘除。"

可过了一节课，练习题就变成了不同分母的分数计算，比如这种：

$$\frac{1}{6} + \frac{2}{5} = \frac{17}{30}$$

这可把小菲愁坏了："怎么回事？这个30和17都是怎么算出来的？"因为不懂分数的意义，接下来的练习题，小菲总是做不对。

一节课下来，其他同学基本都能学会，小菲学到的却很少。道理很简单，请假的两周让她缺失了一段重要的课程，因此现在老师教的东西，小菲都理解不了。

没办法，爸爸妈妈只能在家给小菲补习，终于把进度赶上来了。等小菲弄懂了老师讲的到底是什么，再上课时学习速度就快了很多。

你发现了吗？当小菲不理解老师讲的内容时，同样都是45分钟的课程，她的学习效率就比同学低很多。因此，如果我们要加强记忆，一定要先理解自己需要记的内容，只有深刻理解，才能深刻记忆。

【方法细分析】

心理学家奥苏贝尔这样分析学生们的学习情况：

"在不良的教学模式下，孩子们在课上学到的书本知识，基本上就是字符或词句的组合。"

换句话说，如果老师不能让孩子们听懂他到底在讲什么，在孩子们眼里，课本就是"天书"，上面写的词拆开看得懂，组合起来就不知道是什么意思了。不知道你是不是也有这种感觉呢？

所以，老师的目标就是把难懂的书本知识给大家解释清楚，让大家看书时，产生"原来这里说的是这个意思""原来这么简单"的感觉。

学习的时候，要先理解、后记忆，也就是我们要先弄懂要记的是什么信息、为什么要这样记，然后记起来就会快很多。

比如，背古诗时，一定要弄懂诗的每一个字、每一句都是什么意思，这样诗才背得快。做数学题时，一定要明白每个符号的意思，知道数字之间有什么运算关系，看懂应用题的内容，这样数字运算题才能做对。背英语单词时，也要知道每个单词的意思和用法，知道它们怎么念，这样背单词的速度才能提升。

举个例子，当你看到"20÷5=4"时，知道这是一道非常简单的数学题。但如果你不知道"÷"这个符号的意思，再看这几个数字，是不是就弄不懂该怎么做了？如果你要背"butterfly"这个单词，如果不知道它是"蝴蝶"的意思，只按照字母的顺序来背，是不是也特别困难、特别有挑战性？但是知道了意思，就可以联想到蝴蝶的样子、场景，背起来就容易多了。

所以，一定要先理解内容的意义，再记忆才会有效率。

【案例巧解析】

下面，我们试着背一背白居易的古诗《大林寺桃花》：

人间四月芳菲尽，山寺桃花始盛开。

长恨春归无觅处，不知转入此中来。

这样一首大家没有背过的诗，如果想快速记忆，最好的办法就是先理解它的意思。我们可以分为四句进行拆解。

第一句：在人间，四月里百花已经开尽，全都凋谢了。

第二句：高山的古寺里，桃花才刚刚盛开。

第三句：我经常因为春天逝去，没有地方寻觅春天而感到惆怅。

第四句：却不知道，春天已经转到了这里。

这四句诗，写了一个追寻春天的诗人，在山上看到盛开的桃花，心中产生的满足感和感慨。当我们理解了这首诗的意思，再去看诗的内容，尝试着背一背，是不是会觉得容易很多呢？

因为我们理解了内容，记忆起来自然非常迅速。

法则四：反复诵读是保持记忆的秘诀

艾宾浩斯经过充分的实验证明，虽然人们可以通过很多技巧和方法提升自己的记忆能力，但强化记忆的基础仍然是练习，反复练习。

在记忆这条路上，没有任何可以偷懒的捷径，我可以提供一些高效率的办法来帮助你记忆，但最终还是需要不断复习、不断练习。

小雷一直觉得，自己有一个足够聪明的大脑，不需要像其他同学一样苦学，也能取得很好的成绩。在小学五年级以前，他经常逃掉老师布置的作业，期末考试也不好好复习，但仍然能考一个不错的成绩。

因此，小雷感到非常骄傲，越来越懒惰，都快考试了，还一张卷子都没做过。

妈妈说："你应该做一些练习题，之前学的内容还记得吗？不做的话，是不是都忘了？"

小雷不耐烦地挥挥手，对妈妈说："哎呀，我都记得呢，你就放心吧！"

真到了考试这天，小雷在考场上拿到卷子，看到有些陌生的题目，心里突然紧张起来。

"哎，这个题我好像以前做过，但是当时是怎么做的来着？"

"不对，这个地方好像不是这么算，但是老师说的什么我好像记不清楚了。"

小雷发现好多地方自己的记忆都模糊了，越看卷子越紧张，别说那些已经有点儿忘了的内容，就连他前几天刚学过的知识点，都因为太紧张而答不上来了。

等考完试，听到其他同学说这张卷子考的题目都是大家练熟了的，小雷更后悔了。

你是否对这样的场景感觉熟悉？很多我们之前学过、背过，甚至很熟练的知识，只要一段时间不复习，很快就会忘掉，在考试时要么答不上来，要么需要花费很长时间回想。

要解决这个问题，最基本的办法还是熟能生巧。只要多诵读、多复习，我们的记忆就能越来越深刻。

【方法细分析】

如果记忆一个知识点需要诵读10遍，利用本书介绍的记忆方法，让记忆的效率提升之后，只需要5遍就能记住，那我们就只需要诵读5遍吗？

不，你还是要诵读10遍。如果按照原本的效率，你要诵读10遍才能记住，那么就得让自己诵读15遍甚至20遍。

也就是说，我们不能在刚好记住的时候就停下，而是要多读几遍，巩固自己的记忆。

反复诵读至超过我们记忆知识点时的需求，就叫作过度学习。过度学习能让我们把知识点记得更牢固。当你读第5遍时，也许你就把知识点记住了，但它只在大脑中留下了浅浅的印象，第二天就会忘记。这时，你读第6遍，知识点在脑海中的印象就会加深，然后是第7遍、第8遍……

从我们记住这个知识开始，每重复一遍，就是在脑海中加深记忆印象。

老师经常布置抄写的作业，目的也是通过反复调动我们的大脑，让抄写的内容在脑海中留下更深的印象。因此一定要记住，记忆的秘诀就是反复诵读，在这条路上我们没有任何捷径。

不过，诵读的过程中也有一些协助记忆的技巧，比如朗诵时的感情可以更丰富一些。因为我们在记忆时，越是对感官有刺激性的内容，记得就越快。如果你诵读的语气平平淡淡，就一点儿记忆点都没有；但如果你能抑扬顿挫，甚至是用夸张的语气去读，就会给大脑一些刺激，让声音协助我们记忆。

【案例巧解析】

对下面这段内容，你可以怎样记忆呢？

秋天最美是黄昏。夕阳斜照西山时，动人的是点点归鸦急急匆匆地朝窠里飞去。成群结队的大雁，在高空中比翼齐飞，更是叫人感动。夕阳西沉，夜幕降临，那风声、虫鸣，听起来也愈发叫人心旷神怡。

在记忆时，我们可以先读一遍，首先知道这段话在讲什么。它主要讲了秋天最美的黄昏景色，描绘的角色有两个，一个是急着飞回家的乌鸦，一个是成群结队在高空飞舞的大雁。等鸟儿们都回家了，夜幕下只剩下风声和虫鸣。

所以，这段内容可以分成三部分记忆，分别是归鸦、大雁和风声虫鸣。我们在反复诵读中记忆它，可以借助朗读的感情不同，把这三部分分开，记得也会更牢固。

当读到归鸦的部分时，语调可以调皮、着急一些，它们正急着赶回家呢！

读到大雁时，语调是有力的，它们在高空中比翼齐飞，那是令人震撼的场景。

读到夜晚的风声虫鸣时，语调是平静舒缓的，鸟儿们都回去休息，只剩下安静中的虫鸣越发明显。

三部分情绪，可以帮我们把这段话划分出三个记忆点，这样记得会更快，不信你就试一试吧！

法则五：艾宾浩斯记忆曲线

前文说过，遗忘是大脑不可避免会发生的事，抵抗遗忘的方法就是在适当的时候进行复习。那么怎样安排复习时间才算适当呢？这个问题，我们可以通过艾宾浩斯记忆曲线来解决。

自从上了三年级，妈妈就给小明布置了一个新任务：每个星期必须背20个英语单词。这可把小明愁坏了，因为他以前从来没有专门背过单词，感觉突然有了压力。

一开始，小明每天背3个单词，这样一周也能背20个。可是到了周末，妈妈提出要检查他的学习效果，小明就傻了——明明周一刚背过的单词，怎么现在就忘了？

"傻孩子，背过的单词如果不用，总会忘掉的，这是很正常的情况。"妈妈告诉他，"所以，你必须得坚持复习才行。"

小明掰了掰手指，非常疑惑地说："我现在背20个单词，就得复习20个。如果以后我学会了200个甚至2000个单词，我岂不是天天都要复习这么多？"

妈妈笑了，告诉他："单词刚记住时最容易忘，所以要多复习。等你记得久了，也就记得牢了，就算几个月不复习也不会忘的。"

小明这才松了口气。在妈妈的帮助下，他制定了一个新的英语学习计划：

（1）前一天背过的单词，第二天早上复习一遍。

（2）这一周背过的单词，周末复习一遍。

（3）每个月末，复习这个月背的单词。

通过这种方式，背过的单词得到了反复记忆，小明记得越来越牢了。

小明所选择的新学习计划，就符合艾宾浩斯记忆曲线的基本原理。但在实际操作中，他的方法还可以进一步改进，以更符合我们的大脑习惯。

【方法细分析】

根据艾宾浩斯记忆曲线，如果我们在记忆结束后的

20分钟之内不开始复习，就会将其中近半数内容遗忘掉；如果过了8～9个小时还不复习，就会遗忘其中的60%。也就是说，我们其实可以大致掌握关于遗忘的几个关键时间节点。

我这样选取这些时间节点：

30分钟——8小时——24小时——7天——21天——60天。

在记忆某个内容时，我会在结束30分钟后开始第1次复习，在8小时后开始第2次复习，24小时之后开始第3次复习……直到60天后进行第6次复习。

你也可以根据自己的情况进行调整，原则就是在刚记忆完一段时间内，复习要勤快一些，因为这段时间特别容易遗忘；等多次复习之后，我们的大脑已经对这些内容有了深刻的印象，就可以隔很长时间再复习。

千万不要觉得这种复习方式会让我们花的时间更多。实际上，正是因为我们勤复习、常记忆，所以内容基本不会被遗忘，这样每次复习时只要把内容快速过一遍就可以了。

如果你不经常复习，背过的内容就会忘掉，就相当于要重新再学一次，不仅花费的时间更多，也没有达到好的学习效果。

【案例巧解析】

如果我们要牢记一个英语单词，应该按照怎样的时间节点进行复习呢？

如果你在今天早上8点背了这个单词，那么等到8点30分，就应该开始第1次的回顾复习。

第2次的复习则在8个小时以后，也就是下午4点。

等到第二天早上8点，你就可以进行第3次复习了。

第4次复习要在从今天起的7天之后，第5次则是在今天起的21天之后，第6次就在60天之后。

记住，每一次复习间隔都是从背完单词之后的那个时间点开始算。这样，你明白该怎么安排自己的复习时间了吗？

法则六： 了解自身记忆的优缺点

　　每个人的思维方式都不同，要想快速提升大脑的记忆能力，就要先了解自己的大脑擅长什么、不擅长什么，也就是弄懂自身记忆的优缺点，然后才能扬长避短，发挥自己的记忆优势。

　　晨晨从小就喜欢听故事。还不认字的时候，他就每天晚上缠着妈妈，要听广播里的睡前故事。大家惊喜地发现，晨晨听过的故事几乎过耳不忘，记忆能力特别强。

　　但不知道为什么，上学之后的晨晨，却没有在学习中表现出这种强大的记忆力。老师让他背的课文，晨晨总要磨磨蹭蹭看好长时间才能记住，每次爸妈问起，他总说："字太多了，看着晕。"

　　爸爸妈妈听了，简直是哭笑不得，哪有孩子会晕字的！

虽然课文学得慢，但晨晨的音乐老师却说他很有天赋："这孩子简直太聪明了，我教过的歌，他只要听一遍就会唱，唱得还特别准。"

晨晨这种情况，就是典型的听觉印象大于视觉印象的表现。当接触到新信息时，他的听觉会比视觉更灵敏，因此听到的信息记得很快，看到的文字却不容易记住。

爸爸妈妈为了帮助晨晨，就把要背的知识点编成了许多歌谣，让晨晨通过唱的方式把它们记住。后来，晨晨的学习能力逐渐得到了锻炼，一些不容易背的内容，只要多读几遍、多听几遍，也能记得很快了。

每个同学的情况都不一样，你知道自己最适合什么样的记忆方式吗？我们要通过一些办法，测一测自己到底是视觉印象更强，还是听觉印象更强。知道了优点和缺点，才能进行有针对性的训练，通过练习培养和锻炼我们的记忆能力。

【方法细分析】

要测试自身的记忆习惯，可以用下面这个简单的办法：

首先，让其他人在纸上随机写下三组词，每一组里有

6～8个词，把它们分成三张纸条。

其次，就像抽签一样，从这三张纸条里随机抽。抽到了哪一组词，你就默读一遍。读完之后，找一张干净的白纸，按照记忆，将你刚才读到的词写下来。

最后，比对一下你的记忆结果和原始的纸条上有什么区别，检验你的记忆能力。

这个办法考验的就是我们的视觉记忆能力。

接下来，采用相同的办法，还是让其他朋友帮忙随机写三张纸条，每张纸条上都有几个不同的词语。仍然是随机抽取，只是抽取之后，我们不能看纸条上写的是什么。

请你的朋友帮你读出纸条上的词语。

读完之后，找一张干净的白纸，将你记住的词默写下来，最后比对结果。

这个过程考验的就是我们的听觉记忆能力。

如果视觉印象比较强，前一种方法记住的词会比后一种方法更加准确；如果听觉印象比较强，后一种方法记住的词会更多、更准。

那这样就测试结束了吗？不。考验一个人的记忆能力强弱，不仅要考验他的记忆速度，也要检验记忆的持久度。

有的人对看到的东西记得很快，但忘得也快，反而是听到的信息记得更长久一些。想了解自己的记忆能力，就一定要进行充分的测试。

我们可以在一个小时之后，再次默写刚才看到或听到的纸条上的内容。

过了一个小时，我们一定已经遗忘了许多信息。再次默写的内容里，如果看到的纸条上记住的词比听到的纸条记住的更多，就说明视觉印象保留的记忆时间更长；如果相反，就是听觉印象保留的记忆更长。

了解记忆的优缺点之后，就要发挥各自的优点，强化自己在记忆过程中的优势，这样可以提升我们的记忆速度。比如，你对看到的图像印象更深刻，就尽量把要记忆的知识点转化成图像的形式；你对听到的内容记得更久，就多动动自己的耳朵，在听资料中完成学习。

【案例巧解析】

一年中，有的月份有31天，有的月份有30天，2月平年有28天，闰年有29天。这种复杂的关系，你是怎么记忆的呢？

我们可以借助听觉印象，把这些信息编成歌谣，用听力协助我们增加印象，快速记忆。

比如，一个经典的歌谣是这样说的：

一三五七八十腊，

三十一天永不差，

四六九冬，三十整，

二月只有二十八。

平年三百六十五，

闰年再把一日加。

如果我们只是看，却不出声读一读，就很难体会到这个歌谣的奇妙之处。只要念出声来就会发现，它朗朗上口，特别容易帮助我们记忆。这是非常典型的借助听觉印象来协助记忆的例子。在需要时，我们也可以将其他比较琐碎的知识点编成歌谣，这样记起来会更快哦！

法则七：记忆要专注，不要一次思考几件事

提升记忆力的最后一个法则，也是最重要的一点，是记忆一定要专注。

锻炼自己的专注意识是记忆力训练重要的一部分，如果你非常容易开小差，记忆知识点时也不能保持专心，那么就算有了很强的记忆能力，只要你无法控制自己，学习时常常走神，就很难提升效率。

强大的意志力让我们学会控制自己，这是高效记忆的基础。

放暑假了，东东给自己制订了严格的作业计划，每天上午都要完成一部分暑假作业，这样下午和晚上就可以放心玩耍了。

"明天爸爸妈妈带你去迪士尼乐园，你也休息休息。"

妈妈告诉东东。

听说自己终于可以去期待已久的迪士尼了，东东特别高兴。在高兴之余，他还不忘告诉爸爸妈妈："那我今天晚上多写一点儿作业，把明天的任务也完成，这样就可以玩一整天了。"

等到假期结束时，东东按照自己的安排轻松地写完了作业。而他给同桌打电话时，才发现对方一个假期作业都没写，现在正在家里疯狂补写。

"不是吧，东东，这么多作业你都写完了？我可真佩服你。"同桌在电话那头大呼小叫。

东东却觉得有点儿疑惑："我感觉作业也不多啊，你为什么觉得多呢？"

你知道为什么吗？很简单，因为东东非常自律，他在该学习的时候就认真学习，每天花一部分时间专注解决假期作业，这样就可以有更多的时间来玩。而他的同桌拖拖拉拉，整个假期都没有专注于作业，最后只能在短时间内同时处理很多作业，就会觉得压力特别大，学习效率也会降低。

强大的记忆力其实就是专注能力的体现。如果我们能集中注意力在记忆上，就算没有非常强大的技巧，也会发现自己的记忆速度比以往更快。

【方法细分析】

有些人在高强度学习之后，不仅没有感觉到疲惫，反而精神状态特别好。这种反常的现象就是"心流"的表现：一个人如果能专注于自己所学的内容，就可以完全沉浸其中，很难被外界打断。这种时候连时间的流逝都会被忽略，学习效率也会特别高。

举个简单的例子，如果你喜欢玩电子游戏，是不是感觉在玩游戏时时间过得特别快？而且当你沉浸在游戏世界里时，就算身边的人跟你说话，你是不是也感觉自己根本没听到？这是因为你的所有注意力，都投入在了紧张刺激的游戏当中，自然会表现得非常忘我。

家长经常开玩笑："要是我的孩子能把玩游戏的劲头放在学习上就好了。"还别说，这个道理是对的。如果我们在记忆知识时能有玩游戏那样专注，记忆速度就会非常快。

这样的状态可遇而不可求，但我们可以通过一些小技巧来控制自己，让自己变得更专注。如果你想让自己的记忆力变得更好，就不要同时处理几件事。一次只做一件事，是记忆力提升的关键。

【案例巧解析】

如果下面的内容是你今天的作业，你准备怎么安排它们？

（1）背诵课本中的一个段落并默写。

（2）把数学课本后的习题3到习题9做完。

（3）背10个英语单词。

有的同学作业一多就会感到焦虑，生怕自己来不及完成。比如在背英语单词的时候，还要牵挂着自己没做的数学题，背一会儿就把数学作业翻出来，忍不住要解几道题。等解题觉得无聊了，就又回到语文作业，开始背诵、默写。一边默写，还一边想着要背的英语单词。

这样看似在一心多用，同时处理好几种作业，其实整体的效率非常差。因为我们的大脑被迫分散了注意力，很难专注在当前的事情上，背诵、思考的能力都会减弱。

所以，最好的办法就是把作业排好序号，按照前后顺序依次完成。在做语文作业时，一定不要想数学的误后习题；在做数学题时，也一定要将英语单词抛在脑后。

只有这样，我们才能始终专注在眼前的工作，用最专注的状态达到最有效的记忆效果哦！

第三章

联想力，
突破记忆局限

01
联想与发散

我曾经看到过这样一则故事：

在课堂上，老师问孩子们："你们知道，冰化了是什么吗？"

在老师眼里，这是一个简单的生活小科普，冰化了就成了水，只要注意观察都能得出答案。很多孩子都大声说出了"水"的答案，这让老师很满意。

有个孩子出乎意料，他对老师说："冰化了，就成了春天。"

老师愣住了，这个答案看起来那么不同寻常。她犹豫了一下，还是对这个孩子说："你的答案不太对，冰化了就成了水。"

我知道，这位老师是想从知识的角度去解释这个问题，因此最终还是否定了孩子的说法。但她绝对不会想到的是，她否定的是一个多么美妙的创造，一个多么棒的想法！

"冰化了，就成了春天"，这是一个多么富有想象力和浪漫情怀的孩子才能给出的答案呀！如果是在我的课堂上，我一定会让所有小朋友给他报以热烈的掌声。

因为，这个小朋友发挥了自己的联想能力，从"冰"联想到了"冬天"，所以从"冰化了"想到"冬天结束了，春天到了"。

联想与发散能力是我们与生俱来的能力。联想，就是根据一个事物的特性去想象，寻找到另一个有相同点或相似点的事物。联想和想象不是完全等同的，想象是毫无关联的，你可以随时从一个方面跳跃到另一个方面，二者不必有任何联系。但是联想则不同，我们必须找到事物之间的共通之处，才叫联想。

联想是锻炼想象力的一种方式，如果我们能够在抓住事物特征的前提下，想到许多种可能，这就是具备想象力的表现。经常锻炼自己的联想能力，可以培养发散性思维，能协助我们记住很多信息，让记忆力变得更强大。

【方法细分析】

大脑的联想能力十分发达。当我们看到一个关键词时，会瞬间触发许多想法和可能性。这些触发的信息未必彼此之间都有关联，它们是围绕着中心词放射状出现的。

大脑十分擅长这种多维度思考，它每时每刻都在联想，它的触角可以伸向多个方向。经常进行这种联想训练，你会发现自己的"即时记忆"变得越来越好，看到某个内容，能快速串联起其他相关的信息。这就是通过联想训练不断练习得到的结果。

怎样进行这种联想训练呢？可以从一个词语开始，进行联想，解放思维。

首先，找到一个中心词，围绕它快速写下联想结果。比如，我们想到的词是：

森林

当你看到这个字，最先联想到的词是什么？

不要犹豫，在最快的时间里将你所联想到的词全都写下来，关联在中心词的周围。不管你所联想到的内容是不是符合逻辑，只要它出现在脑海里就立刻落笔写下来，这一点是最重要的。因为我们要做的就是将大脑的思维过程呈现在纸上，所以不管想到什么都可以写下来。

我想到的 10 个相关词是：

草地　天空　雨　昆虫　鸟
空气　树叶　溪流　鹿　生态环境

围绕这 10 个词，我们又能衍生出很多联想。比如，从"鸟"这个词，我能联想到：

羽毛　窝　鸟蛋　树梢　鸣叫　迁徙　飞　冬天
捕食　休息

如果对上面这些词全部进行第二次联想，我们能衍生出上百个新词。经常进行这种联想训练，不仅可以帮助我们积累自己的词语库，也能强化我们对事物的关联认识。而且你会发现，要记忆联想出来的词非常容易，上面这20 个相关词，你看过之后是不是很快就记住了？因为它们彼此之间都有联系，大脑可以很快唤醒相关记忆，把它们整合在一起。

锻炼联想能力，是强化记忆力的基础训练。

【案例巧解析】

从下面这个核心词出发，第一次联想5个词，第二次从这5个词再进行一轮联想。试着尽可能多地记住这些词，看看你能记住几个？

自行车

联想词：

车轮　滚动　马路　速度　上班

从"车轮"联想：汽车　橡胶　转动　颠簸　刹车

从"滚动"联想：罐头　圆形　足球　珍珠　磨盘

从"马路"联想：红绿灯　堵车　沥青　工人　行道树

从"速度"联想：短跑　运动员　记录　突破　荣誉

从"上班"联想：周一　早起　辛苦　工资　努力

这30个词，如果打乱顺序写出来，我们很难对其中的几个有印象。但是按照这种联想的方式列一遍，我们会记住其中绝大多数词。难道是我们的记忆力更强大了吗？

不，是因为联想让我们的大脑变得更活跃、思维更有针对性了。有时候提高记忆力就是利用了联想的力量。

02
联想记忆的几大特点

经常有同学跟我诉苦："老师，为什么我看书时总是哈欠连天的，可拿起平板电脑看动画片时，立刻就精神起来了。要是我看书时有看动画片的精力就好了，那学习肯定没问题。"

这样的问题出现在很多同学身上。其实这是一种普遍现象，谁都喜欢娱乐，我们的大脑也很容易被那些夸张、有趣、轻松的内容所吸引，这是人之常情。

所以老师们也在不断努力，加强课堂趣味性，吸引大家的注意力，提高活跃度。你一定上过这样的课：

上课之前老师会讲一个有趣的小故事，留下悬念，让大家在课堂上找到问题的答案；

老师制作生动有趣的PPT，动态的画面吸引大家的目光；

在讲解难以理解的科学内容时，老师会搭配趣味性实验，将书本上的场景复现在同学们眼前；

……

这些方法都是为了让课堂内容生动鲜明，自然同学们就能更加专注地学习知识点了。当我们要提升自己的记忆力时，也要顺应大脑的这种习惯，让内容变得更加有趣生动，大脑记起来自然会更快。

我们想要采用联想的办法提升记忆能力，就一定要把握三个特点：

将内容夸张夸大；

用生动鲜明的方式表现内容；

表达方式诙谐有趣。

这是联想记忆法的三个特点，只要往这几个方向去联想，我们的大脑就能变为高速处理器，又快又好地记忆内容。

【方法细分析】

1.将内容夸张夸大

前面介绍过，大脑的联想是没有方向的。从一个核心词出发，我们可以放射状地想出很多内容。看到要记忆的课本内容时，我们也会随之产生联想，但联想的这些信息都能帮助我们记忆吗？

不一定。

因此我们要掌握联想的方向，从中筛选出最有利于记忆的部分。其中，夸张联想的办法可以让我们的记忆加深，也就是说，在原本的基础上，我们要把内容夸大化，越不可思议越好。你的联想越夸张，就越容易产生"这不可能"的想法，给大脑的刺激就越深刻。

下面是一个洗衣液广告：

从外面玩耍回家的孩子浑身都是脏泥巴，妈妈将他的衣服拿去清洗，刚倒上洗衣液，衣服上的污渍就亮起了光，整件衣服立刻洁净如新。

如果我们用常识去思考，这个广告显然太夸张了。哪有这样的洗衣液，只要倒在衣服上就能让衣服恢复如新的？但是，做成广告之后，却给我们留下了深刻的印象，让我们知道这个品牌的洗衣液清洁效果很好。

这就是夸张的效果。

当我们遇到需要记忆的内容时，就可以往夸张夸大的方向进行描绘，这样记忆起来会很快。

2. 用生动鲜明的方式表现内容

为什么动画片比课本更能吸引我们的注意力，让大家觉得精神百倍呢？因为大脑喜欢动态的图像，不喜欢静态的文字。所以，老师写的黑压压的板书只会让我们犯困，而生动的动画故事，却让我们越看越有劲头。

所以要提升思维能力，就可以通过联想的方式把原本枯燥的书本内容，用生动鲜明的方式表现出来。比如，我们背古诗或课文时，经常苦于背诵效率不高、记忆不深刻，那么就可以根据古诗和课文的内容进行联想，把想到的场景画在纸上。

这样一来，原本枯燥的背诵过程就变成了画画。你喜欢画画吗？我想，大家一定不会讨厌用画画的方式来背课文，这多有意思呀！我们一边画一边念对应的内容，一幅画画完了，该背的也都背过了，甚至记得更清楚。

3.表达方式诙谐有趣

我想大家都看过或听过有趣的笑话。我们对笑话的记忆特别深刻，只要看一遍基本就能复述出来。

因为笑话非常诙谐有趣，产生的快乐能刺激我们的大脑，让我们留下深刻的印象。要是读书能像看笑话一样有意思，就再也不愁背诵了。

所以我们可以在联想记忆时，让表达更诙谐有趣一点儿，把内容编成笑话，这样记起来就特别快。

比如，"phenomenon"这个英语单词的意思是"现象"，这是一个字母特别多的英语单词，记起来一点儿也不容易。但是，我们可以把它拆成"p+he+no+me+no+n"这种组成方式，然后通过联想，想象成一个句子来记。

这个句子可以是：

是谁放了一个屁（p）？是他（he）吗？不是（no）。是我（me）吗？不是（no）。是你（n）。

本来这个单词不仅难记，而且特别容易记错。但通过这种非常幽默搞笑的方式去解释，我们不仅迅速记住了它，还记得很准，默写的时候很少会出错。

这就是幽默的力量。

所以，联想可以从上面讲的三个方面入手，能更快速地调动我们的大脑记忆。

【案例巧解析】

看到下面这一行词，你能快速记忆吗?

蝌蚪　冰箱　沙发　花瓶　熊猫　青菜

如果使用简单的方法进行联想，将每一个词组成一个句子，那么我们就可以在场景中把这个词记住。但现在有6个词，我们要记这么多场景，就变得有些困难了。

这时候就可以采取前面讲的方法，往生动有趣、夸张的方向去联想它们，加深我们的记忆力。

比如:

蝌蚪：一群黑压压的蝌蚪在大街上游来游去。

冰箱：仓库里的冰箱堆得像小山一样高。

沙发：开着沙发在街上跑。

花瓶：你打碎了妈妈最喜欢的花瓶。

熊猫：一只五颜六色的熊猫。

青菜：青菜上趴着一只肥嘟嘟的大虫子。

这些都是在进行有意识的夸张联想，加强联想场景在脑海中的视觉冲击力。通过这种方式再去记忆，是不是就很容易记住这几个词了呢？

03
用图片记忆梳理联想场景

你知道大脑的秘密吗？

哈佛医学院的神经学家，曾通过使用核磁共振成像对人脑进行扫描，发现人脑的多个区域都会对色彩信号有所反应。也就是说，看到不同的颜色可以调动我们的大脑，提升人脑的活跃度，让我们在记忆、理解时更加专注，对内容的领会也更加清晰。

当你看到红色，内心会产生火热、激动的情绪；当你看到蓝色，就会觉得平静、忧郁；黄色会让我们觉得温暖；绿色则给人一种清新的、春天的感觉……

每一种颜色在我们的大脑里都有温度，红色和黄色是温暖的，蓝色和紫色是冰冷的。

不知道你是不是也这样认为呢?

大脑的秘密之一就是——它非常喜欢彩色的信息,颜色能帮助我们进行记忆。

2002 年,研究者发现,当实验人员在记忆图像时,有色图像的信息被记住的概率比黑白图像的更高。

鲜艳的、显眼的颜色,可以很好地刺激我们的大脑。

因此,当我们通过联想的方式进行记忆时,可以联想成场景,在大脑中形成彩色图片。正常的背诵会调动我们的左脑忙碌起来,但如果把信息转化成图片式记忆,我们的右脑也会参与工作。也就是说,图片式记忆可以刺激大脑更多的部分参与到记忆中来,记忆效果肯定更好。

【 方法细分析 】

图片式记忆,可以帮助我们梳理联想,把联想的内容转化成场景,记住的信息更多。

因为大脑在看到文字时,产生的联想往往都是以一个场景存在,然后再转化为文字输出。场景中能包含的信息远比文字多,当我们通过画图的方式来展现脑海中的场面时,就可以输出和保存更多信息,帮助自己理解文字。

比如,当你看到下面这段课文时,会想到什么?

曲曲折折的荷塘上面，弥望的是田田的叶子。叶子出水很高，像亭亭的舞女的裙。层层的叶子中间，零星地点缀着些白花，有袅娜地开着的，有羞涩地打着朵儿的；正如一粒粒的明珠，又如碧天里的星星，又如刚出浴的美人。微风过处，送来缕缕清香，仿佛远处高楼上渺茫的歌声似的。

我想，你一定会想到一个荷塘的场景，荷塘上满是挤挤挨挨的荷叶。这些文字一定会转化成场景出现在我们的脑海，而不是单纯的文字的形式。

等我们背诵这段课文时，其实就是把脑海里的场景再次转化成原文，复述出来。要想快点儿记住它，就可以把联想到的场景画一画。

这种画画的方式，可以调动大脑的视觉皮层。我们的大脑被分成了各种区域，每个区域负责相应的工作，当我们在背诵时，主要工作的就是处理文字的大脑区域。但当文字转化成场景画在纸上时，负责文字和图像的大脑区域就都会活跃起来。

你可以一边画，一边看原文，把不同荷叶都体现在画上：有的荷叶看起来就像舞女的裙子，有的荷叶中点缀着白花；荷花的形态也不一样，有的很小，像天上的星星或明珠，有的像刚出浴的美人一样姿态很美……等画完这幅画，也就把这段课文记住了。

【案例巧解析】

根据下面描绘的场景写一篇作文，你知道该怎么写吗？

周末，小丽和妈妈一起去了植物园。

很多同学都说自己特别苦恼写作文，因为不知道该说什么。每次拿起作文纸，半天都写不出一个字。其实写作文的时候，也可以用图片式记忆法，将作文内容转换成场景，你就会发现可写的信息多了很多。

根据上面描绘的内容，你想到了怎样的场景呢？

我想到的是这样一幅画面：

周末要出去玩，一定是个好天气，因此画面的背景是晴天，湛蓝湛蓝的天上没有一丝云彩；

小丽和妈妈一起去植物园，两个人会穿成什么样呢？

小丽戴着黄帽子，穿着红色小裙子，背着一个小水壶；

植物园是什么样子？根据我的经验，里面有宽敞的道路，道路两旁种植着各种各样的树木，开着不同香味的花朵；

植物园里还有温室，温室里更是种满了我们没见过的珍贵植物……

于是，小丽和妈妈在植物园的场景就被充实得越来越丰满。写作文的时候，我们只要将这个存在于脑海中的场景描绘出来就可以了。

很多同学之所以觉得写作文困难，是因为脑海中没有建立生动的场景，所以不知道该写些什么。这时就要锻炼自己的图片联想法，将大脑中的图像转换成文字，写作文就变得特别简单了。

04
空间接近联想法加强记忆

只要是联想，总有一定的顺序。看下面这一组词，如果让你在最后再填写一个词，你会写什么呢？

大象 黑熊 狮子 羊 狗 猫咪

如果是我，会填入一个类似"老鼠"这样比猫更小的动物。因为整体看下来，这些动物的顺序是按照由大到小排列的，所以我联想时也会往这个方向考虑。

自由的联想没有规律，但我们可以创造或寻找事物当中的规律，通过规律加强记忆。

比如，空间接近联想法就是按照空间的关系进行联想，类似从远到近、从上到下、从前到后等。

需要我们记忆的很多内容都是看起来零散，但内部是有规律的。如果它们的联系和规律是按照空间顺序排布，那么我们就可以按照空间接近联想法把它们串联整理起来，这样就容易多了。

露露经常有写作文的困难。老师要大家每周都写一次周记，尽管爸爸每周末都带露露出去玩，但她回来还是写不出内容。

爸爸问起时，露露就说："我脑子里记得很多事情，但是不知道先写什么比较好。"

老师也说，露露的作文写得特别乱，经常东一句、西一句，上一句还在说"天气特别好，爸爸说天上飞的鸟儿是鹰"，下一句就变成了"我买了一支雪糕，特别好吃"，逻辑性和故事性比较差。

所以，爸爸干脆用手机给露露拍了很多照片，回家之后，他就告诉露露："你按照照片来写周记，先写照片上最远、最高的东西，然后往近、往低处描写，这样试一试呢？"

有了照片的帮助，露露脑子里充斥着的信息，一下子就乖乖按照从远到近、从高到低的顺序排起了顺序，露露按顺序往作文纸上写，周记内容就清晰、充实了。

因此，我们不仅要会联想，还要会按照一定的顺序和思维来联想，才能梳理大脑思维。

【方法细分析】

要是让你快速记忆下面这一串词，你觉得有困难吗？

太阳　青草　桃花　流水　飞鸟　云朵　青山

乍一看这些词好像没有什么规律，但如果我们按照空间的顺序把它们由远及近排列，就会变成下面这样：

太阳　云朵　飞鸟　青山　桃花　流水　青草

在空间中，最远处、最上方的是太阳；稍微低一点儿、近一点儿的是天上的云；然后是天空中飞着的鸟，是远处的青山；视野再近一点儿，就是地上的桃花，是脚边的流水，还有脚下的青草。

这样一组合，一个立体的场景就出现了，记忆这些词是不是变得特别简单？

利用不同内容在空间上的顺序进行记忆，就是空间接近联想法。背课文或古诗时，我们也可以按照这种方式组织内容，按从上到下或者从里到外的空间顺序，找到背诵时的参照物。

现在，我们要背诵下面这首柳宗元的名诗《江雪》：

千山鸟飞绝，万径人踪灭。
孤舟蓑笠翁，独钓寒江雪。

这四句诗，我们可以按照描绘场景、理解内容的方式进行背诵，但这种记忆还不够快速。你发现了吗，作者在写诗的时候利用了空间的顺序，按照从远及近的方式进行了排布。

因此我们可以按照空间接近联想法，给自己安排几个背诵时的参照物。我的安排顺序是这样的：

千山—万径—孤舟—独钓

如果从主人公渔翁的视角解读这首诗，就会发现其目光是由远及近的。最开始看到的是无限远处的天地，重峦叠嶂没有尽头；然后看到的是山上的小径，视线逐渐拉近；接下来，视野回到了身边的孤舟和自己身上；最后，目光集中在了一枚小小的钓钩上。

通过这种空间顺序的安排，我们可以更快速地记住，这首诗的几句话分别描述了什么对象。在记忆时有了空间的参考，不管什么时候想起这首诗，我们都不会忘记。

【案例巧解析】

接下来，按照空间接近联想法，记一记下面这首杜甫的《绝句》：

两个黄鹂鸣翠柳，一行白鹭上青天。
窗含西岭千秋雪，门泊东吴万里船。

这首诗，按照视线从高到低、距离从近到远的顺序进行了描绘。

首先，作者描绘的是视野高处的景象，近处是黄鹂，远处是白鹭；接下来作者描绘的是视野低处，近处是窗边的雪，远处是停泊的船。

除了这个顺序之外，每句诗中的两个意象之间还有空间上的关联，它们一一对应：

黄鹂—翠柳　　白鹭—青天　　窗—千秋雪　　门—万里船

　　打乱了顺序，这种空间关系就不合理了。白鹭不会栖息在翠柳上，万里船也不会停泊在窗台上。

　　按照这种空间关系，我们可以非常迅速地记住这首诗。现在再回去读一遍，你是不是就会背诵了呢？

05
逻辑联想法构建记忆网格

还记得"增强记忆的黄金法则"中提过的吗？根据法则二，要记忆的材料的音节顺序也会影响我们记忆的快慢。

也就是说，一些词语或者句子，只要打乱了顺序，你可能就记不住或者不能立刻认出来了。

这个说法启发了小云同学。有一天，她写了几个词去考自己的同桌。

小云是这样写的：

论结　忘遗　骑自行　天忧人杞

她拿着这张纸条对自己的同桌说："让我来考考你，接下来你要用最快的速度把纸条上的词念出来，最好是不假思索地念。"

同桌非常自信地说："我可是语文课代表，这有什么难的？尽管来考，我绝不轻易认输。"

于是同桌自信满满地打开了小云写的纸条，大声朗读："结论、遗忘、骑自行车、杞人忧天……"

还没等同桌念完，小云就忍不住大声笑起来："你再仔细看看我写的是什么！"

同桌仔细一看，傻眼了："怎么回事？我刚才的脑子是不是出了问题？"

小云得意极了："愿赌服输，你服气了吧！"

这就是大脑记忆习惯的力量，你也可以用这样的小游戏去考考自己的朋友哦！之所以会这样，是因为我们已经习惯了按照固定的顺序去看一个词语。当我们看到"骑自行"三个字，能够自动补全下一个字是"车"，就像在做选词填空一样，虽然句子中的这个词被空出来了，但大家只要联系上下文，就能填上正确的字。

有一种记忆法，利用大脑的记忆习惯构建，那就是逻辑联想法。我们每个人都有自己的逻辑，能按照逻辑顺序把一些内容排序，通过逻辑也能联想推论出很多信息。

比如，当我说这样一句话：

"外面下雨了。"

你会想到什么呢？

你可能会问我"雨有多大"，也可能会说"家里的窗户关好了吗"，还有的同学会问"忘带伞了怎么办"，大家的这些想法，都是根据这句话进行了逻辑推导，从而推出的下文。

你看，我没有提到雨下得多大，也没有提到"窗户"和"伞"等词，但我们都能意识到这是相关的。这就是逻辑的力量。它从一句话延展出去，让大家联想到很多不同的内容，记住更多信息。

你产生了什么联想呢？同学们可以通过逻辑思维构建起一个超大的记忆网格，把信息全都串联在一起。

【方法细分析】

一段打乱了逻辑的话，会让我们很难理解和记住。比如下面这段话，你能立刻记住吗？

下课了，大家也喜欢跟他一起玩。所以，大家特别喜欢他。上学路上，总有同学喜欢跟他一起走。小明最喜欢招呼大家打篮球，全班同学都玩得很开心。小明的人缘很好。

你可能会皱着眉说："这是一段什么话？根本看不懂在说什么。"但如果换一换顺序，就变得不一样了：

小明的人缘很好。上学路上，总有同学喜欢跟他一起走。下课了，大家也喜欢跟他一起玩。小明最喜欢招呼大家打篮球，全班同学都玩得很开心。所以，大家特别喜欢他。

这样逻辑顺序就清楚了。同样的一段话，把它的顺序排对了，逻辑就变得清楚，所有人也都能看明白，大家理解、记忆起来就容易得多。

逻辑顺序有很多种，可以按照时间顺序，比如当我们在写日记时，就可以按照时间逻辑。当你想到"早晨"，就会联想到"中午"，写完中午，就会想到"晚上"，这就是时间顺序。

可以按照地点顺序，比如大家跟爸爸妈妈去游乐园玩耍，怎么才能把所有的项目都逛完呢？这时就可以按照地点顺序，由近到远，先在近的地方玩，然后去远的地方玩。

还可以按照事件发生的顺序，比如"时间、地点、人物、事件、原因、过程"的顺序，就能让我们知道一件事的完整信息。

【案例巧解析】

下面这段文章选自语文教材（人民教育出版社）四年级上册《观潮》中的背诵段落：

午后一点左右，从远处传来隆隆的响声，好像闷雷滚动。顿时人声鼎沸，有人告诉我们，潮来了！我们踮着脚往东望去，江面还是风平浪静，看不出有什么变化。过了一会儿，响声越来越大，只见东边水天相接的地方出现了一条白线，人群又沸腾起来。

要背这么长一段话，可真不容易。这么多字，我们该怎么背下来呢？

很简单，我们可以按照逻辑顺序去分解它，把长段落分成短句子，再把句子分解成词语，这样我们就可以背得很快，还不怕丢三落四了。

按照时间顺序，我们可以这样拆解这段话——

时间点1：因为一开始潮水还没有涌来，大家都看不到，只能听到声音，所以作者写"午后一点左右，从远处传来隆隆的响声，好像闷雷滚动"。

时间点2：听到这个声音之后，别人先有了反应，于是"顿时人声鼎沸，有人告诉我们，潮来了"。

时间点3：作者的反应慢一些，等别人说完之后，"我们踮着脚往东望去，江面还是风平浪静，看不出有什么变化"，这时还是只有声音。

时间点4：声音越来越大，潮水终于出现了。因此"过了一会儿，响声越来越大，只见东边水天相接的地方出现了一条白线，人群又沸腾起来"。

通过逻辑联想法协助记忆，这段内容就是按照"开始有声音—别人发现潮水—作者观察江面—潮水出现"的顺序，四句话通过逻辑串联起来，大家一下子就清楚课文在说什么了，背起来是不是更容易呢？

06
串联联想法扩大记忆面

小雨经常觉得自己的记性不太好。比如，他刚刚在跟同学讲自己暑假去爷爷家的事情，中间去了一趟厕所，回来之后就忘了自己讲到哪里了。

"还记得咱们刚才聊到什么地方了吗？让我想想……"小雨摸着下巴，苦思冥想，从之前讲的话题回忆："一开始我们说到暑假做了什么，小东说他去了上海的外婆家，还去了迪士尼。"

"没错，然后你就说起了爷爷家的事情。"

"对，我想起在爷爷家种麦子，然后说到舅舅带我捉蚂蚱、烤红薯……对了，就是烤红薯，我们老家烤红薯的办法可不一般呢！"

小珊听了觉得很有意思，问小雨："为什么你刚才想不起来，这样重复了一遍就想起来了？"

　　小雨也不明白，只好解释说："可能是重新理了一遍思路，就知道自己刚才断在哪里了吧！"

　　其实对小雨来说，这就是串联联想法的表现。如果要他单独去想之前讲的"烤红薯"的内容，这个信息就太细碎了，很难一下子准确记忆起来。但是，按照和朋友们聊天的过程进行联想，原本非常细节的"去爷爷家""种麦子""舅舅""捉蚂蚱""烤红薯"等关键词，就一点点被回忆了起来。只要能记起其中的一件事，就能联想起前后都说了什么，回忆的正确率就会变高。

　　所以串联联想法可以扩大我们的记忆面，本来能记住的信息很少，但是把不同的小动作和小细节串联在一起，我们就可以形成整体记忆。像小雨一样，只要想起"种麦子"，就能想起"捉蚂蚱"和"烤红薯"，这就是把记忆串联起来的好处。

【方法细分析】

　　对没经过记忆训练的人来说，要记住一些彼此关联不紧密的信息，需要花费很长时间。但我们学会了串联联想法之后，就可以轻松记住一些没有关系的词语或句子。

接下来的内容是重点：

串联联想法一定要建立在新奇的联想上。你的联想越特别，记得就越牢固。

比如，要记住下面这10个没有任何联系的词，你需要花多长时间呢？

飞机　树　信封　耳环　水桶　唱歌　篮球　腊肠星星　鼻子

人的大脑记忆内容时有自己的规律，越是有意义的内容记得就越快，但是像这样毫无关系的琐碎信息，记起来就很慢。因此，串联联想法就是创造一些句子和场景，让这些没有意义的词变得有意义，让它们之间产生联系，我们就可以快速记住。

一定要抛弃死记硬背的办法，我们可以把它们串联在一起记：

飞机飞过树顶，树上挂着信封，信封里放着耳环，耳环掉进了水桶，提着水桶唱着歌去打篮球，篮球场晒着腊肠，腊肠在星星下面，星星照着我的鼻子。

经过串联之后，原本没有意义的词突然被放进了生动的场景里，大脑一下子就能想象出来。借助场景让词之间产生联系，就能提升记忆能力。

【案例巧解析】

你可以用串联联想的方式，快速记住老舍先生的几部主要作品吗？

《骆驼祥子》《四世同堂》《正红旗下》《茶馆》《我这一辈子》

在认识名人或记忆历史事件时，我们经常需要记忆一个系列的内容，就像老舍先生的作品一样。但它们彼此之间好像没有什么关联，这种时候就要主动进行串联联想，为没有关联的信息创造联系。

我的串联联想结果是：

骆驼祥子现在四世同堂，坐在正红旗下的茶馆里休息，跟别人讲："我这一辈子，真是不容易！"

这种串联联想，把原本没有关系的五本书名放在了同一个场景之下，记忆时就变得更牢固、更迅速了，也不容易遗漏。因为在我们的记忆里，它变成了一个整体，而不是分散的几个知识点。

再试一试，用同样的方法记忆莎士比亚的戏剧作品呢？

《哈姆雷特》《罗密欧与朱丽叶》《仲夏夜之梦》《威尼斯商人》《麦克白》《李尔王》

我的串联联想结果是：

哈姆雷特认识了一个威尼斯商人，一起参加了"仲夏夜之梦"舞会，舞会的主人是一对叫罗密欧与朱丽叶的情侣。他在舞会上认识了麦克白，后来麦克白成了李尔王。

你也来试一试，还可以用这种方式记忆其他琐碎的、没有相互关联的知识点。

07
奇特联想法加深记忆认识

科学研究告诉我们，人的大脑对夸张的情节和有冲击性的内容更敏感，可以产生更长久的记忆。

夏天，雨水特别丰沛，小区池塘里养的金鱼也被冲到了路面上。彬彬和妈妈在雨停之后，穿着雨靴往家走。

"哎呀，前面有个红色的东西，是什么啊？"彬彬感到特别好奇，踩着水过去一看，发现那边的路面很低、积水有点儿深，一条红色带白花的金鱼安静地沉在水坑里。

妈妈看到了，赶紧说："我们快把这条鱼放回池塘吧，不然它会死掉的。"

他们立刻把鱼送了回去。从那以后，每次彬彬路过小区的池塘，总能准确地在十几条鱼中找出自己当初救助的那一条。

"为什么你看了这么久，还是分不出来其他的鱼，却很清楚这条鱼长什么样呢？"妈妈笑着问。

彬彬仰头想了想，说："也许是因为在路上游泳的金鱼太少见了，我一下子就记住了，现在还忘不了呢！"

是啊，怎么会有鱼在大街上游呢？这种情况是挑战我们常识的，会让大脑感觉到新奇与刺激，于是产生的记忆就格外深刻。再比如，我们每天都会在大街上看到很多来来往往的汽车，很难记住它们的样子。但是，如果有一辆亮绿色的跑车从你眼前开过，一定会吸引你的目光，让你记住它——因为它实在是太特殊了。

所以，我们可以利用大脑"喜欢奇特"的特点，利用奇特联想法，把平淡的内容通过夸张、大胆、离奇的想象进行二次创作，从而让我们产生强烈的记忆。

【方法细分析】

下面是李白的诗《望庐山瀑布》：

日照香炉生紫烟，遥看瀑布挂前川。
飞流直下三千尺，疑是银河落九天。

三千尺，足足有一千米那么长，要走一千米的路还要花十几分钟呢！就算庐山瀑布很雄伟，也不可能有这么长。而且，李白还怀疑它是银河从九天之上落下来，这就更夸张了，难道庐山瀑布比天还高吗？

这就运用了奇特联想法，一般人很难将银河与瀑布联系在一起，李白这样一写，立刻就让我们记住了庐山瀑布的壮阔，很难忘掉。

中国古代的文学家和诗人，很擅长运用这种奇特联想的方式，让大家记住他们想说的话，加强我们的记忆。比如曹雪芹先生，就在《红楼梦》中这样描写四大家族的富有：

贾不假，白玉为堂金作马。

阿房宫，三百里，住不下金陵一个史。

东海缺少白玉床，龙王来请金陵王。

丰年好大雪，珍珠如土金如铁。

四大家族的姓氏分别是"贾""史""王""薛"，这段夸张的描述中掺入了四大家族的姓，大家一下子就能记住的，是这四家人特别有钱。

有多富有呢？难道贾家真的可以用白玉雕刻房屋，用金子打造马匹吗？三百里的阿房宫都住不下金陵史家的人吗？真的有人可以把珍珠看作泥土，将金子当作废铁吗？

显然，这是一种奇特的夸张修辞，这样，才能突出这四家的富有奢华。

在有记忆文字的需求时，你也可以把文字内容放在奇特的场景下进行联想，类似上面的例子，就能加快自己的记忆速度。

【案例巧解析】

如果要快速记住下面几个国家的特产，你知道怎么办吗？

南非的特产是黄金，澳大利亚的特产是羊毛，巴西的特产是可可豆，沙特阿拉伯的特产是石油，马来西亚的特产是橡胶。

我们可以把这些信息进行奇特的联想。在大脑中思考处理之后，我这样记：

南非人喜欢身上挂满黄金；

澳大利亚的人都骑在羊背上出门；

巴西的可可豆堆得像山一样高；

沙特阿拉伯连地里都会往外冒石油；

马来西亚都用橡胶轮胎盖房子。

这些场景都是奇特的、现实中不存在的，因此乍一看到就感觉印象深刻，这样一来，记忆这几个特产就变得简单多了。

08
精确记忆实战分析

第1题，你知道怎样联想，可以快速记住课文《珍珠鸟》中的这段话吗？

我把笼子挂在窗前。那儿有一盆茂盛的法国吊兰。我让吊兰的长满绿叶的藤蔓覆盖在鸟笼上，珍珠鸟就像躲进幽深的丛林一样安全，从中传出的笛儿般又细又亮的叫声，也就格外轻松自在了。

我们可以按照空间接近联想法来记忆这段话。从空间上看，是由大到小的顺序，可以这样排列：

窗前—吊兰下—笼子里—珍珠鸟

窗户前的空间是最大的，然后我们的目光聚焦到吊兰上，吊兰里面藏着一个鸟笼，而鸟笼里躲着一只珍珠鸟。

很多同学在记这段话时，可能会落下其中的某句话，比如"那儿有一盆茂盛的法国吊兰"这句话，就特别容易忘了。但是按照这种空间顺序，就不会忘掉里面的每一句话。

第2题，下面是一段科学常识，用合适的方法快速理解它，并给出你处理水土流失的解决办法。

黄河两岸的水土流失非常严重。黄土高原上，很多植物被破坏了，环境越来越恶劣，导致土质疏松、气候恶化。暴雨将黄河两岸疏松的泥土冲刷到了河水里，黄河两岸的水土流失就变得很严重。

我们可以采用逻辑联想法来构建记忆网格，这段科学常识有逻辑上的前后关系。

我们要理解的是"黄河两岸的水土流失严重"，整段话有这样的逻辑顺序：

因为黄土高原上植物被破坏，所以土质疏松、气候恶化；

因为土质疏松，所以暴雨就能把泥土冲刷到河水里；
因为暴雨冲走了泥土，所以黄河两岸的水土流失变得
严重。

这样一来，我们就读懂了这段话。而且，从逻辑上懂
了黄河两岸水土流失的原因。如果想解决这个问题，就得
从根本上处理，要保护黄土高原的植被，才能防止水土
流失。

第3题，下面是毛主席的诗《七律·长征》，你知道
怎么记更快吗？

红军不怕远征难，万水千山只等闲。
五岭逶迤腾细浪，乌蒙磅礴走泥丸。
金沙水拍云崖暖，大渡桥横铁索寒。
更喜岷山千里雪，三军过后尽开颜。

这首诗有典型的地域串联关系，我们可以通过串联联
想法协助记忆。

诗中与地域有关的关键词有：

远征　万水千山　五岭　乌蒙　金沙水　大渡桥
岷山

记住这些关键词，就能串联起每一句话，把这首诗快速记住。如果有时间，你还可以看一看诗中每个地方的照片，用场景加深你对它的记忆。

第四章

转换力，
形成思维记忆链

Part 4

01
转换力提升记忆力

同学们，还记得上一章讲了什么吗？没错，是如何利用联想的技巧来帮助我们提升记忆力。

在实际操作中，很多同学产生了一些疑惑。他们问我："老师，虽然联想记忆法很好用，但是，如果我们需要记忆的是数字，应该怎么联想呢？"

数字在大家眼里是非常抽象的。当我们看到"树"，脑海中就会想象出各种各样的树木，看到"房屋""天空""大海"等，也会联想到对应的影像。这些词都可以在现实生活中对应具体的物体，我们的脑海里存储着它们的图像，就非常容易理解。

但当我们看到1、3、5这种数字时，能在脑海中把它变成生动的图像吗？数字本身没有形象，也对应不上具体的物品，这就叫抽象概念。抽象的信息记忆起来特别难，因为我们不太容易联想。

这个时候，我们就得用到自己的转换力了。

你知道什么是转换力吗？举个小例子，有的人看到"树"这个字，想到的就是字，还有的人想到的则是树的图像。前面一种情况，表明我们的大脑就没有进行文字转换；而后面这种情况，则意味着大脑将文字转化成了图像。

一定要记住，我们的大脑非常喜欢热闹。它喜欢图像胜过文字，喜欢动态胜过静态。越是生动，大脑记起来就越容易。

所以如果你的转换力很强，能把枯燥的文字转化成图像浮现在脑海，那么你的记忆力就很强。运用转换力，我们也可以把数字这种枯燥的、抽象的信息，转化成图像。

【方法细分析】

周末，君君一家来商场逛街，爸爸把车停在了地下停车库。等逛完街回来，爸爸却突然想起自己忘了记住停车位的编码。

记不住停车位的编码，就找不到具体的位置。这可把爸爸愁坏了，他说："这里的停车位都是一个字母和四个数字的组合，你们谁记得咱们把车停在哪个编号的位置上了？"

比如，旁边的停车位编号是"B3457"，第一个是字母，后面四个是数字，意思是"B区编号3457的车位"。

妈妈也不记得了，但是君君却说："我记得，是A2911。"

爸爸立刻说："走，咱们去看看！"到了位置，果然发现了自己家的汽车。

妈妈很惊喜："你也没有仔细看，怎么记得这么清楚？"

君君解释说："我在等你们的时候有点儿无聊，就看了一下，发现'A'看起来像一顶帽子，'2'像只鸭子，'9'像一个气球，'11'就像一条河的两边。所以，我的脑子里就浮现出一只戴帽子的鸭子，举着气球过河的场景，一下就记住了！"

妈妈夸她："你可太厉害了，从一串数字都能想到这么生动的画面呀！"

君君在记忆停车位编码时，就运用到了自己的文字和图像转换能力。"A2911"这一组字母和数字的组合是很抽象的，我们很难在脑海中直接形成图像。不信你试试，是不是根本想不到"A"对应什么场景，数字应该长什么样？

但是君君特别聪明，她把这组编码按照字形进行了联想，把"A"看成帽子，"2"看成鸭子，通过联想，原来非常抽象的编号在脑子里一下就有了形象。

这就是转换力的体现。我们在提升记忆时，可以把需要记忆的内容都转换成图像，再把整幅图像记下来。

这样做有三点好处：

（1）图像的信息比文字更多，一次记的多。

（2）记忆图像可以刺激大脑更活跃，也就是动脑能力变强。

（3）把不容易记的内容转化成图像，变得具体、准确，容易联想。

在这一章，我们就要从转换力出发，好好学习一下如何用它提升记忆能力啦！

【案例巧解析】

如果运用转换力记忆下面这一组扑克牌，你能快速说出每个数字对应的花色吗？

方块3　梅花9　红心J　方块A　黑桃7　梅花K

我们先看一下这组材料，把花色转换成图像：方块看起来像盾牌，红心就是心脏，梅花是花朵，黑桃是桃子。

然后把扑克牌的字母和数字转换成图像：3像噘嘴，9像气球，J像雨伞柄，A像帽子，7像拐棍，K像衣架。

于是，我们可以把这组信息在脑海中转化为这样的图像：

方块3和方块A，是盾牌戴着帽子噘起嘴巴亲。

梅花9和梅花K，是花朵上拴着气球，下面挂着衣架。

红心J，是心脏举着雨伞柄，打了一把伞。

黑桃7，是桃子插在拐棍上。

记住这样的图像以后，当别人问你"数字7的扑克牌对应什么花色"，你就可以立刻将数字"7"在脑海中转换为"拐棍"，然后想起"桃子"，对应的就是黑桃。

这种记忆方式需要调用的，就是大脑对文字和图像的转换能力。

02
动态材料的转换

前面说过，大脑是个爱热闹的家伙。如果你输入的信息是文字，那么大脑处理起来的速度就不如图片快。同样，如果你的图片是静态的，就不如动起来的影像记得快。

当我们运用转换力来提升记忆时，我的第一个建议就是——能把文字转换成动态的影像，就不要转换成静态的图像。要让我们的大脑"看电影"，而不是简单地"看照片"。

为什么大家都喜欢看《猫和老鼠》这部动画片？因为在这部动画片里，汤姆猫和杰瑞鼠的形象非常生动，经常做出一些出人意料的动作，让我们开怀大笑。直到现在我还记得，其中有一集是汤姆猫在弹钢琴，杰瑞鼠在钢琴键上艰难地跳舞，躲着汤姆猫的抓捕。你看，生动的动态影像在过了这么多年之后，仍然清晰地烙印在我的脑海里。

所以，要帮助我们的大脑进行记忆，就把信息转化成夸张的动态影像。

一个小例子，当你看到花丛中有一群甲虫，怎么描绘才能记得牢呢？

有的同学这样写：

一群甲虫趴在花丛上。

这时，我们的脑海中就诞生了一个静态的画面，你可以用场景来记忆它。

还有的同学这样写：

一群甲虫在花丛上扇动翅膀，在我面前跳起了舞。

这时，甲虫"动"了起来，这个静态画面变成了动态的，而且还加入了"我"的参与，仿佛身临其境，场景记忆起来自然更丰富、更生动。

而作家在散文《草虫的村落》中，是这样写的：

甲虫音乐家们全神贯注地振着翅膀，优美的音韵，像灵泉一般流了出来。

他把甲虫们看成是音乐家，自己就成了参加昆虫音乐会的客人，听着甲虫为他演奏夏日的音乐。怎么样，是不是感觉画面更生动、记忆更深刻了？

所以，我们的目标就是用转换力，把平凡的信息构造成生动的场景，记忆起来效果当然会更好。

【方法细分析】

当我们要记忆一些词语或概念时，把它们转换成动态的影像场景进行记忆，是个很好的选择。在转换时应注意下面几点：

1.转换的场景一定要清晰

脑海中的形象一定要清晰。通过前面的训练你已发现了，当我们把文字信息转化成图像时，文字就藏在脑海中的图像场景里。如果我们转换的场景不清晰，就会丢失很多信息，这样记忆起来效果就变差了。

比如，当你要记忆下面这段场景时，如果不够清晰，你能回想起所有的内容吗？

城里戴眼镜的姑娘，一边攀岩，一边大嚼着煮熟的玉米棒；年过花甲的老人，在石块间蹦来跳去，温习着儿时的功课。

姑娘在攀爬的时候，嘴里要嚼着东西，那是煮熟的玉米，脸上还要戴着眼镜。如果你的场景记忆不清晰，忘掉了"玉米"或者"眼镜"，就跟原文有了差别，那脑海中的场景就没办法帮我们更准确地背诵这段课文了。

2.转换的场景要有运动性

这就是前面强调的，一定要尽量让脑海中的画面动起来，而不是保持静态。

如果你大脑记住的画面，都是一张一张静态的图片，彼此之间就不会有很紧密的关系，而且内容也会比较平淡，没办法很好地刺激大脑。有运动性，是刺激大脑提高效率的重要一点。

我们可以看一下，下面这几组不同的描述，用静态和动态给我们留下的印象是完全不同的。

静态：树上有一只鸟。

动态：树上的鸟挥着翅膀，朝我的脸扑过来。

静态：汽车停在了路边。

动态：汽车躲过了行人，猛地刹车停在了路边。

静态：小朋友要买玩具。

动态：小朋友在超市又哭又闹，一定要买玩具。

是不是感觉动态的场景能让我们更快地记住？

3.场景越夸张越好

在我们运用转换力来提升记忆时，也不要忘记运用前面讲过的联想技巧。把文字转换成场景也是一种联想，为了让你更深刻地记住，联想的场景越夸张越好。

比如，我们想形容"姥姥特别瘦"，就可以将这个描述转化成动态场景，然后夸张化，写成"瘦姥姥从门缝里钻了出来"。一想到这个场景，你是不是立刻就记住了"姥姥"这个人物的特点？

可见场景越夸张、动作越夸张，记忆就越深刻。

4.场景最好与自己相关

很多时候我们之所以记不住，是因为想象的场景跟自己一点儿关联都没有。

想一想，你能不能记起自己昨天吃了什么？那你能记住同桌昨天吃了什么吗？我想，很多同学都能回忆起自己昨天的午饭，但很少有人记得同桌的。

你可能会说："他吃了什么，关我什么事呀？"

没错，我们的大脑总是优先记住跟自己有关的信息，而忽略跟我们无关的。因此如果你想记住一个动态的场景，最好让它跟自己有关，那么大脑就立刻活跃了起来。

比如，老师给你描述一个"武松在山林里跟老虎打斗"的场景，你很难想到武松有多么英勇无畏，但是，一旦代入你自己，想象"我在山林里跟老虎打斗"的场景，你就立刻理解了，武松能打赢老虎，可真是个大英雄。

做到这几点，用动态影像转换的方式进行材料记忆，可以实现更高的效率。

【案例巧解析】

怎样用动态影像转换的方式，快速记住下面这些枯燥的词呢？

穷人　飞机　火山　椰子树　下雨　溜冰鞋　图书馆　火车　红旗　人群　大桥

我们可以用串联联想的方式，把这些词转化为动态的影像，加深记忆。在记忆时，要按照前面强调的技巧，场景要清晰、动态、夸张，且与自己有关。我是这样构建场景的：

穷人开着飞机带着我冲出了火山，外面长满了椰子树。下雨了，我穿着溜冰鞋去图书馆，看到火车载着满满的红旗穿过人群，从大桥上驶过。

在这个动态场景里面，"我"是场景的主角，一旦想到这些都是我亲自参与的，记忆就会变得更深刻。

03
抽象材料的转换

在前面，我们已经学到了很多快速记忆不同材料的方法。下面，我给大家列举两组词，你来试着用联想成场景的方式记一记，然后告诉我，哪一组记忆起来更快，好吗？

第一组：自行车　快递员　天空　花草　衣柜　行李箱
第二组：运气　组合　努力　管理　考核　设计

试过之后，你会发现明显第一组记得更快。因为我们在将这些文字转化成场景记忆时，第一组都能对应到实质的物体和人物，在脑海中有具体的印象。与之相反，第二组都不是实物，我们很难在场景中特别准确、直接地表现出来。

第二组就是一组抽象词。前面我们所说的数字、字母，同样也是抽象材料，在大脑中没有明确的形象。这是不是就意味着，我们不能用转换法将这些内容转换成动态场景了呢？

不，通过抽象材料的转换，就算是没有实物的词和概念，我们也可以把它联系到动态场景中进行记忆。

其实，文字也是一种非常抽象的材料。最初，我们的祖先不会使用文字，他们选择将自己看到的场景画下来，这样的办法就非常直观、具象化。所以，"日"这个字一开始就长得很像太阳，"川"看起来就像河水流动的样子。后来逐渐衍生出了文字，原本具象化的写法也变得抽象了。

现在，我们只是反过来，要把抽象的文字转化成生动的图片或动态场景。既然我们的祖先能做到，相信我们也可以做到。

【方法细分析】

要把抽象的内容转化成实际存在的场景，让它理解、记忆起来更快，有下面几种办法。

1.找到抽象内容的代表物体

当我们要记忆"时间"这个词时，可以联想一个代表时间的实际物体，这样回忆的时候只要联系起来，就能想到它代表着"时间"。比如，时钟、手表、沙漏、手机等，都可以让我们想到"时间"。

又比如，大家要记"矗（chù）"这个生字，你知道该怎么转化吗？

"矗"的意思是"又直又高"，由三个"直"组成，"矗立"就是又高又直地立着的意思。这是一个抽象的字眼，不是指某种物体，但我们可以找一个代表物——山。一看到"矗"，脑海中就浮现出"很高很直的山"，你就能记住这个词的意思和用法了，也不会忘了它怎么写。

2.字形展开，转换抽象内容

在我们学习生字的时候，经常会用到这个方法。一些初接触的生字，乍一看不能理解它的意思，或者很难记住，但是根据字形将它展开理解，记忆起来就会很快。

比如，"袅（niǎo）"这个字的意思是"柔软细长"，组词的话，经常用"袅袅炊烟"形容做饭时烟囱排出的烟的形状。这个字本身非常抽象，我们可以根据字形将它展开，它看起来很像一个"鸟"和"衣"结合在一起。

这样，我们可以在脑海中构建一个场景：

穿着衣服的鸟，看起来身体柔软又细长。

你是不是一下子就记住了这个生字的意思呢？

3.直接用场景表现抽象内容

抽象的内容也不是完全不能用实际场景来表达，只要我们的想象力够强，依然可以调动右脑对图片的感知能力，在大脑中围绕抽象的信息构建出生动的场景。

比如，当我们要记忆"指挥"这个看起来比较抽象的词时，就可以发散思维，在大脑中创造自己觉得跟指挥有关的场景——

穿着燕尾服的音乐家指导着乐团演奏。

交警叔叔站在马路中间引导车辆。

……

这样我们一想到这些场景，立刻就能联想起它们形容的是"指挥"这个词。

将抽象的内容转化成实际存在的场景，可以帮我们更快地理解课本中的新概念或生字生词。

【案例巧解析】

下面几个词你认识吗？学习生字生词时，你怎样运用抽象材料的转换办法呢？

崎岖　坐以待毙　唠叨　溺爱　翻腾

我们先来了解一下这几个生词的意思：

崎岖（qí qū）：形容山路高低不平。

坐以待毙（zuò yǐ dài bì）：面对危险不采取措施，坐等失败。

唠叨（láo dao）：没完没了地说。

溺爱（nì ài）：过分地宠爱。

翻腾（fān téng）：剧烈地滚动。

"崎岖""唠叨""翻腾"这三个生词，我们都可以找到物体来代表它们。"崎岖"都是"山"字旁，形容的也是山路高低不平，于是我们就可以用"奇险的山路"来代表这个词，每次看到"崎岖"的偏旁，就能想到"奇险的山路"的场景。

"唠叨"都是"口"字旁，形容的也是不断地说，我们可以用"劳累的嘴巴"来代表它。想到劳累的嘴巴，就能想到"口"和"劳"，自然就能联想到"唠叨"和它的意思。

"翻腾"这个词，"翻"有"羽"，"腾"有"马"，我们可以想象成"鸟和马"两种动物。不管是鸟儿飞起来还是马跑起来，都会剧烈地抖，就有了"翻腾"的意思。

然后，我们可以用字形展开的方式记忆"坐以待毙"和"溺爱"。"毙"是"死"的意思，"坐以待毙"这个词直接翻译就是"坐着等死"。在看"毙"这个字时，我们可以把它拆成"比"和"死"两个字，"比死"又可以谐音成"必死"，这样展开成场景就是——"他总是坐着必死"，这不就记住了它的意思吗？

"溺爱"的"溺"字有"被水淹没"的意思，正好它由"水"和"弱"组成，字形展开之后，这个词可以联想成场景——"身体很弱的人被爱的河水淹死"，这样就能记住这个词的写法和意思了。

04
链式记忆法的串联性

把要学习的文字内容转化为场景，能让我们更快地记住。但是，如果我们要背诵的对象有很多，那么把它们放在同一个场景里，是不是就显得有些混乱呢？

为了解决这个问题，我们需要在转化时发挥自己的想象能力，让我们要记忆的内容，手拉手、肩并肩，在大脑构建的场景里排成一排，产生链条一样的关系。这就是链式记忆法。

比如，你要记忆辛弃疾的《西江月》，该怎么把文字转换成场景呢？

明月别枝惊鹊，清风半夜鸣蝉。

稻花香里说丰年，听取蛙声一片。

七八个星天外，两三点雨山前。

旧时茅店社林边，路转溪头忽见。

因为辛弃疾的这首词和五字、七字一句的古诗不太一样，每句字数都不一样。而且，这首词描写了一个特别丰富的夜晚场景，里面提到的元素有很多，前后句又没有逻辑上的先后关系。所以很多同学在背的时候，经常落下中间的某一句，甚至自己还觉不出来。

在这种情况下，我们就要使用链式记忆法，将里面丰富的场景元素串联起来。

【方法细分析】

链式记忆法的"链"字是"链条"的意思，就是在背诵时，把我们的视觉、听觉和感觉串联在一起，调动眼、口、手、耳、脑，让大脑活跃思考。

具体步骤是"一看二读三理解，四写五想六再现"。

第一步是"看"，先把要记忆的内容好好看仔细，不要错过细节。比如《西江月》这首词，我们就能看到下面这些元素：

明月　惊鹊　清风　鸣蝉　稻花香　蛙声　星　雨

茅店　社林　路　溪头

　　既然要把文字转化成场景来记忆，我们就得仔细地看，千万不要错过任何一个元素，这样在构建场景时，才能把所有内容都放进我们脑海中的那个小世界。

　　第二步是"读"，大声朗读3～4遍，把这首诗的句子在嘴边念熟了，接下来背诵记忆时就会变得容易。而且朗读可以调用我们的口和耳，让视觉和听觉共同作用，有助于加深大脑记忆。这也是一个查漏补缺的过程，万一一开始看错了哪个字，读的时候也能把错误找出来。

　　第三步是"理解"，要记忆内容就得先理解。《西江月》这首词里，诗人描写了夏天的农村夜晚，从视觉、听觉、嗅觉等几个方面，给大家呈现了安静祥和的夜晚乡村。

　　第四步是"写"。这是为了在调用眼、口、耳的同时，也调动我们的手，刺激大脑的运动区域加入进来，共同思考和记忆。你会发现，写一遍的效果比念十遍都有用。

　　第五步是"想"，在写完之后，我们就要在大脑中构建这个夜晚场景，要把前面总结出的元素用链式记忆法牢牢记住，这样背起来就很快了。

这个过程最重要，需要注意两个要点：

1.调动左右脑共同参与

每次看到一个需要记忆的词，就要在大脑中构想它的画面，同样，也要根据脑海中的画面想出对应的文字。看到文字的时候，我们调动的是左脑；构建画面时，参与思考的是右脑。不断重复这个过程，我们才能让左右脑都参与链式记忆，效率才更高。

2.环环相扣，加强关键词之间的联系

这首词的元素很多，而且关键词之间的联系不是特别密切，没有时间、空间上的先后顺序，我们不容易记全。而链式记忆解决的就是这个问题，可以通过我们的场景构建，加强关键词之间的联系。

这种联系是环环相扣的，也就是说，我们反复强调的是相邻词之间的联系，比如看到"明月"就要想到"惊鹊"，看到"惊鹊"就得想到"清风"，因为与"惊鹊"相邻的正是"明月"和"清风"。这样，我们在联想的时候，就要重点强调它们之间的场景。

考虑到这两个要点，我们可以构建一个这样的画面，将诗中的场景联系起来：

明月照在惊鹊上，惊鹊飞起带起了清风，清风吹过吓到了鸣蝉，鸣蝉藏在稻花中，稻花香飘来的地方有蛙声，蛙声叫亮了天上的星，星星落下来成了雨，雨落在茅店上，茅店外面是社林，社林前有路，路尽处是溪头。

第六步是"再现"，你可以在脑海中反复回忆上面这个画面，每当回忆到与词对应的画面时，就默念那一句。这样反复让场景再现，口中背着文字，脑海中闪现着画面，就能让我们更快地把这首诗牢牢背过。这种串联成链条的画面，也能让我们记住每一句词，不会产生遗漏。

通过以上这几个步骤，可以环环相扣、一气呵成地将内容快速背过。

【案例巧解析】

用链式记忆法，记忆这段选自萧红《祖父的园子》的内容：

花开了，就像睡醒了似的。鸟飞了，就像在天上逛似的。虫子叫了，就像虫子在说话似的。一切都活了，要做什么，就做什么，要怎么样，就怎么样，都是自由的。

倭瓜愿意爬上架就爬上架,愿意爬上房就爬上房。黄瓜愿意开一个花,就开一个花,愿意结一个瓜,就结一个瓜。……玉米愿意长多高就长多高,它若愿意长上天去,也没有人管。蝴蝶随意地飞,一会儿从墙头上飞来一对黄蝴蝶,一会儿又从墙头上飞走了一只白蝴蝶。

我们还是按照六个步骤"一看二读三理解,四写五想六再现"来记忆。这里,重点说一下如何用链式记忆法完成第五步,将整段话的关键内容串成链条放在场景中记忆。

关键的内容有:

花　鸟　虫子　自由　倭瓜　黄瓜　玉米　蝴蝶

要在脑海中的场景里,加强这些意象之间的亲密关系,我们可以这样构造链式记忆的场景:

花被叼在鸟嘴里,鸟儿忙着找虫吃,虫子获得了自由,自由生长的倭瓜特别好吃,倭瓜吃完就吃黄瓜,黄瓜长得像玉米一样粗,玉米上落了一只大蝴蝶。

要注意，不要念这段话，我们不需要背它。这段话是描写我们脑海中构建的场景的，我们就按照它描述的顺序想象那样的场面，就可以把关键内容按照顺序一个个联系起来了。然后，在想到每一个内容时，默念或背诵原文，这样就能背得更准。

05
树状思维导图协助记忆

俗话说，"好记性不如烂笔头。"提升记忆力不能只靠我们的大脑忙碌，手也要动起来。如果一次要记很多内容，我们就可以把思维链条都画下来，多个思维链就能组成一个网状的图像。

你观察过大树吗？一棵大树从根部的树干开始，会随着向上生长不断分出很多枝条。一根比较粗的树枝，一定会分出好几根细细的枝杈，最后，树枝就像一张网一样铺开了。河流也是这样，会逐渐从主干分出一些支流，而支流的末端还会再分开……

我们的大脑在思考问题时，思维导图也像树枝一样。当我们利用转换力，把文字转化成图像来记忆时，就可以在大脑中画出一个树状的思维导图，帮助我们记忆。

比如，诗人张籍的这首《秋思》，我们可以画成思维导图来背。

洛阳城里见秋风，欲作家书意万重。
复恐匆匆说不尽，行人临发又开封。

树状思维导图是这样：

这首诗有四句，如果按照树状思维导图来看，主干就是题目"秋思"，讲的是"秋天的思绪"。根据这个主体，诗写了三部分内容：

环境—心理—动作

第一句描写的是环境，洛阳城里又开始刮秋风，点出地点"洛阳"和季节"秋天"。

第二句与第三句写的是心理，分别是"欲"和"恐"，想的是写一封饱含心意的家书，担心的是匆忙之间说不清楚。

第四句写的是动作，因为"复恐匆匆说不尽"，所以忍不住在捎信人临出发的时候，又打开信写了几句。

这首诗总结成树状思维导图以后，逻辑就变得特别清晰，看上几遍树状思维导图，我们就会在脑海中留下图片一样的记忆，接着只要按照这些关键词想，很快就能把这首诗背出来。

所以，我们可以利用树状思维导图协助自己记忆，甚至是记更复杂的内容。

【方法细分析】

把文字转化为树状图像进行记忆，要注意以下细节：

1.突出主题

树状思维导图里，最重要的就是主题。就像一棵树，最重要的是主干，如果我们砍掉一部分小树杈，不会影响树木生长，但是砍掉主干就会让树木死去。

在画树状思维导图的时候，所有分支都是围绕主题出现的，因此一定要突出主题。比如，《秋思》这首诗的内容就是围绕着诗的名字所写，突出它，我们就能回忆起诗的一部分信息。

如果我们要把树状图像画得更生动，还可以根据主题在这里画一张简笔画！有了图画的帮助，树状思维导图可以记得更牢。

2.按照"总—分"的结构来画

在《秋思》这首诗里，我们知道诗歌的"总—分"结构是怎么安排的，题目就是最主要的信息，接下来的四句分别代表了"环境""心理""动作"的描写，这三部分是并列的结构，互相独立。

在我们画树状思维导图时，一定要会分结构，知道什么内容可以并列在一起，什么内容有相互包含的关系。画树状图的过程，也在帮助我们梳理对课本的认识和理解。

3.文字简洁

我们要用简单的词来总结每个信息，就算是用树状思维导图来总结更长的文章，每一个分支的每个词也尽量不要超过四个字。如果写得太长了，我们的大脑会记不过来的，字数越少，大脑记得越快。

4.可以用颜色加强记忆

颜色可以刺激我们的大脑，让它活跃。

在选择树状思维导图的分支颜色时，相邻分支的色彩最好有对比性，这样通过不同的颜色，我们可以区分出不同部分的内容。这种方式既有利于快速理解，又能保证在后续的回忆中不会混淆。

树状思维导图最好不要只使用一种颜色。如果你在绘制时，从头至尾只使用了一种颜色，就相当于放弃了用色彩刺激大脑，提升记忆力，这不是很吃亏吗？

【案例巧解析】

如果要大家按照"春夏秋冬"的划分方式，画出一幅树状思维导图，总结一下自己背过的与季节有关的古诗词，你会画吗？

首先，我们要确定，主题就是"古诗词"。然后，我们的分类方式是"春夏秋冬"，按照一年的四个季节分类，因此思维导图可以先这样画：

$$冬 \atop 秋 \Big\} 古诗词 \Big\{ 春 \atop 夏$$

接下来，我们就分别从四个季节进行思考。先是"春"，你还记得哪些诗词跟春天有关吗？把诗人和题目写下来总结一下。等总结完春天，就总结"夏"，然后是

"秋""冬"。

我总结的与"春"有关的诗词有：

春 {
咏柳—贺知章
泊船瓜洲—王安石
春晓—孟浩然
春夜喜雨—杜甫
江南春—杜牧
}

最后，我总结出的这张四季古诗词思维导图是这样的：

这样复习的时候，只要看这张图，就能帮助我们整理、回忆大部分与四季有关的诗词了。

杜甫—绝句
毛泽东—卜算子·咏梅
柳宗元—江雪
高适—别董大
} 冬

杜牧—山行
杜牧—秋夕
刘禹锡—望洞庭
张籍—秋思
杜甫—登高
张继—枫桥夜泊
} 秋

古诗词 {

咏柳—贺知章
泊船瓜洲—王安石
春晓—孟浩然
春夜喜雨—杜甫
江南春—杜牧
} 春

小池—杨万里
晓出净慈寺送林子方—杨万里
夏日田园杂兴—范成大
初夏—朱淑真
西江月—辛弃疾
清平乐—辛弃疾
} 夏

06

精确记忆实战分析

第1题，下面这些抽象的词，你能用什么方法记忆呢？

发展　伟大　载体　材料

我会选择用代表物或字形展开的方式，来记忆这四个词。

发展：代表发展的形象，比如"工厂""高铁""商人""机器"等。

伟大：代表伟大的形象，比如"泰山""长城""天安门""烈士纪念碑""国徽"等。

载体：字形展开记忆，"载"这个字里有"车"，

"体"这个字里有"人",因此是"人坐在车上",就有了"载体"。

材料:字形展开记忆,"材"这个字里有"木","料"这个字里有"米",因此"家里又有木柴又有米",就显得"材料"很丰富。

通过这种方式,可以对抽象的词记忆更深刻,特别适合在记生词的时候用。

第2题,下列10个词语,怎样快速、准确地按顺序记住?

夏天　飘扬　妈妈　桃子　猴子　操场　小象　音响　摩托　计算器

可以按照动态场景构建的方式记忆,我构造了这样一个动态场景:

我在夏天穿着飘扬的裙子,从妈妈那里拿桃子给猴子吃,路过操场看到了小象在听音响,我骑着摩托车离开后才想起忘拿计算器。

这一连串动态的场景，可以更快速地记住10个没有顺序、没有关联的词。

第3题，怎样快速记住杜甫的《春夜喜雨》呢？

好雨知时节，当春乃发生。

随风潜入夜，润物细无声。

野径云俱黑，江船火独明。

晓看红湿处，花重锦官城。

用链式记忆法，按照六个步骤"一看二读三理解，四写五想六再现"来记忆。在看完之后，总结出这首诗里的几个意象：

雨 春 风 夜 物 径 云 船 火 湿 花

按照链式记忆，加强前后意象之间的关联，让我们在背诗时更容易联想到，我是这样构建画面的：

雨在春天下起来，春天的风在夜晚吹得很大，夜晚的物品都看不清了，物品就被遗落在小径上，小径上空能看到云，云落下来遮住了船上的灯火，灯照亮湿了的花丛。

借助链式记忆构造的这个场景，我们再复习几遍这首诗，一边想着场景一边默背。

第五章

文字记忆法

01
将文字整合成档案

我相信，很多同学在复习时都会有这样的体会：

期末考试前短时间内背了大量知识点，等到写卷子，才发现脑中一片混乱，很多知识点都记混了；

把一本书复习完，印象最深的是最开始和最后复习的内容，中间的部分却很容易忘掉；

要背的内容越多，就感觉记得越慢，复习起来越困难；

……

不要担心，不是只有你有这样的困扰。复习时，负责记忆的主要是我们的左脑，左脑在处理大量需要背诵的材料时，也会感觉"压力很大"。已经记住的内容会阻碍我们继续记忆，而后面记住的内容又会覆盖前面的信息。

我们可以把大脑比喻成一个勤勤恳恳的仓库管理员，要把我们学习的知识点分门别类地整理进仓库。如果知识点已经很多了，把仓库塞得满满的，大脑就很难记住新知识，或者需要从里面丢出一些知识，才能把新知识塞进去。因此，背的内容越多，就感觉脑子里越"挤"，还总是会忘。而且，大脑这个管理员还有点儿粗心，经常把脑子里的知识点随便乱放，这就导致我们会把知识点记混了。

如果能让大脑更好地管理我们的"知识仓库"，记忆力自然就提升了。

"我妈妈整理屋子时，也总是抱怨柜子不够用。但是她会用一种压缩机器，把衣服进行真空压缩，这样就能塞进柜子里了。"有的同学说，"要是我们的大脑也懂得'压缩'知识就好了，这样就能记住更多知识，也不会觉得太累。"

还有的同学则突发奇想："要是我们的大脑能像图书馆一样就好了。图书馆里有很多很多书，为了方便管理员找到对应的书，每一本书都有编号，这样，查找一本书只需要找到对应的编号就行，谁也不会弄乱。如果知识塞在大脑的仓库里面，也可以用这种方式编号，就不会记混了。"

听起来真像是异想天开的解决办法呀！可是，还真有一种快速记忆的方法，就是依据这样的原理。如果我们在记忆时，学会将文字在大脑中整合成档案，先缩写里面最重要的信息，再将信息按照一定顺序安排好，就像把内容压缩之后又编号，就可以既准确又快速地记住知识点了。

【 方法细分析 】

将文字整合成档案来记忆的方法，又叫"化繁为简记忆法"，特别适合需要记忆许多内容的情况。要运用这种记忆法，方法有三步：

第一步，将要记忆的内容通读一遍。

当你拿到需要记忆的材料后，可以将其从头到尾通读一遍，先了解我们要记忆的内容。在有条件的情况下，我建议大家进行朗读。因为朗读时，我们不仅会动用大脑的文字处理能力，还会调动听觉，让声音刺激大脑。

这样一来，大脑负责处理文字和声音的两部分都会忙碌，处理信息的效果就更好了。

朗读一遍之后，我们就对要记忆的内容有了整体了解，在读的过程中，我们的大脑也会形成对应的图像。

这一步在我们学习的过程中经常出现。比如，当你学习朱自清先生的《荷塘月色》这篇课文前，老师一定会让你先朗读几遍。在读的过程中，你可以自然而然想象到夜晚之下的荷塘是一幅怎样的美景，再理解起来不就容易多了吗？

如果读一遍不懂，就多读几遍，直到你觉得自己已经理解了为止。

第二步，压缩内容。

如果要记忆的内容很多，就要先把知识整理压缩，这样才能塞进大脑的仓库中。第二步就是压缩内容的过程。

知识怎么压缩呢？很简单，在阅读古诗、课文或其他资料时，一定要抓住它的主要特征，找出其中有关键性有代表性意义的字或词。

比如下面这段巴金先生的《海上日出》，你知道记忆的关键词是什么吗？

果然，过了一会儿，那里出现了太阳的小半边脸，红是红的很，却没有亮光。太阳像负着什么重担似的，慢慢儿，一纵一纵地，使劲儿向上升。到了最后，它终于冲破了云霞，完全跳出了海面，颜色真红得可爱。一刹那间，这深红的圆东西发出夺目的亮光，射得人眼睛发痛。它旁边的云也突然有了光彩。

这段话非常生动地、拟人化地描写了太阳升起时的场景。里面用了许多生动的形容词，如果忽略这些形容词，那么这个过程就简化成下面这样：

小半边太阳—使劲儿向上升—冲破云霞跳出了海面—发出夺目的亮光—云也有了光彩

这样一看，是不是很简单？整段话就是按照时间的顺序写了太阳跃出海面的过程。你在压缩内容时，可以先将这段话朗读几遍，找到他写的主要内容，就能找出关键性的词句。

比如在这段话里，关键角色就是"太阳"，整段话都围绕着太阳展开。而写的是太阳的什么过程呢？是太阳升起的过程。

通过提炼，一段很长的内容就可以简单、快速地被理解，这就是文字被压缩的效果。

第三步，将文字排序整合。

第三步，就是要像管理图书馆的书一样，将这些压缩的文字按照一定顺序整合起来。

如果我们只是简单地把文字简化一下，但不按照顺序整理，可能过一段时间你就会记混了，或者遗漏了哪一部分。要把它记清楚，就一定得记得排序整合。

比如，简化之后太阳升起的过程，还可以再提炼一下，每个过程只保留一个字：

半—升—跳—亮—云

这五个过程，既可以按照时间的先后顺序记忆，也可以按照联想的方式，把它们串联成一句话来记忆。总之，给简化的信息一个记忆顺序，你就不容易记错、记混了。

我选择的方式，是用串联的方法组个谐音句子：

半升起后，就跳进发亮的云里。

这样一整合，我们能记住完整的句子，不容易忘掉句子中的信息。

【案例巧解析】

怎么快速记忆我国海域相邻的几个国家？

日本　菲律宾　马来西亚　文莱　印度尼西亚

第一步，先通读一遍。我们就知道了，这五个国家是我国的邻海国家。

第二步，将五个国家的内容压缩，可以从每个国家名字里提炼出一个字。我提炼的字分别是：

日　菲　马　莱　亚

第三步，按照某个顺序将这五个无关的信息编码整合，让它们变成一个容易记忆的整体。我按照谐音，用串联联想法创造了这样一个句子：

周日非得骑马来呀？

其中，"非""来""呀"分别是"菲""莱""亚"的谐音。这样，你是不是立刻就记住了？

那么，再试着记一下"唐宋八大家"都是谁吧！

韩愈　柳宗元　苏洵　苏轼　苏辙　王安石　曾巩　欧阳修

第一步，通读一遍，知道这八位就是著名的"唐宋八大家"，如果有时间，也可以了解一下他们的历史哦！

第二步，将这八个人的名字凝练压缩，每个人提取出一个字。我提取的字分别是：

韩　柳　洵　轼　辙　石　曾　修

第三步，将这几个没有联系的字，通过某种顺序进行编码记忆。我还是用谐音进行了串联联想：

含着柳叶进行巡视，这里是曾经修建过的。

你看出来哪些字对应着名字的谐音吗？你能记住这几个名字吗？

02
字头记忆法

字头记忆法是文字档案记忆法的一种，只是，我们在记忆内容时，不是从里面总结提炼出关键词来记，而是直接选每句话的第一个字记忆。

举个简单的例子，看这首《静夜思》：

床前明月光，疑是地上霜。
举头望明月，低头思故乡。

要是按照前面说的三步法，只要从每句诗中提炼出一个词，帮助我们记得更牢就行了。

我可以提炼"明月光""地上霜""望明月""思故乡"，或者干脆缩写成"光""霜""望""思"，这样就能总结每句诗的主要意象了。

但是字头记忆法不一样，它必须选每句诗的第一个字。也就是说，我们总结提炼时，只能选"床""疑""举""低"这四个字。

问题来了，你可能会疑惑："可是这四个字没什么用呀！我们看到'光''霜'，立刻就知道说的是明月光和地上霜，要是改成'床''疑'这两个字，能想起来吗？"

所以，字头记忆法不是帮你理解内容的，它起到的是辅助记忆的效果。如果你根本没有理解这首诗，也没记忆过它，用字头来记忆只会觉得莫名其妙。但是，一旦你记忆过这个内容，字头就可以帮你梳理它的逻辑顺序，让你在复习时很快地想起来。

比如，很多同学背诗时都有一个问题，每句诗都背得很熟，但连起来就经常把四句诗顺序弄乱，或者背了上句想不起下句。

四年级的童童就是这样，他背刘禹锡的《望洞庭湖》时，背了两句"湖光秋月两相和，潭面无风镜未磨"，就卡住了。

"镜未磨……磨，磨……下一句是什么来着？"童童挠着头想不起来。

同桌给他使了个眼色，拼命做了个口型，看起来就像是"遥"。童童一下子被启发了，说："对，'遥望洞庭山水翠，白银盘里一青螺'！"

怎么样，这个场景是不是特别熟悉？每句诗的内容其实都很有整体性，因此我们背过单句很容易，但特别容易忘了上下句的关系。这时候，要是有人能提醒我们第一个字，就知道该怎么接下去了。

字头记忆法就解决了这个问题。它引导我们记忆一个词或一句话的第一个字，继而把整个词组和诗的内容记住。

【方法细分析】

字头记忆法在很多时候都能起到绝妙的辅助记忆效果，比如，柳宗元的《江雪》这首诗，每句诗的第一个字分别是"千""万""孤""独"，合起来看就是"千万孤独"，我们在背诗时如果忘了上下句，就可以用它来提示自己。

字头记忆法在使用时有几个特点：

1.用在数量多、内容少、没有规律的信息上，有非常好的辅助记忆作用

当你要记忆的内容有一定数量，但每一条信息量都不

大时，就像一些零碎的杂物，如果装在大脑里，很容易分散开。字头记忆法就如同一根绳子，将这些杂物穿在了一起，就算丢进大脑，我们也可以整体记忆，不会丢失。

比如，要记中国的四大名著、近代散文十六家等，都有一定数量，但书名、人名之间没有规律，就可以用字头记忆法。

2.灵活改变要记忆的信息位置，可以让字头记忆法更有效

小说家金庸写了14本知名的长篇小说，分别是：

《飞狐外传》《雪山飞狐》《连城诀》《天龙八部》《射雕英雄传》《白马啸西风》《鹿鼎记》《笑傲江湖》《书剑恩仇录》《神雕侠侣》《侠客行》《倚天屠龙记》《碧血剑》《鸳鸯刀》

很多读者说，这些小说数量太多了，他们经常记不全名字。于是，金庸将每一本小说名字的第一个字提取出来，按照字头记忆法缩写成14个字，然后连成了一副对联：

飞雪连天射白鹿，笑书神侠倚碧鸳。

这样一来，大家就都记住了。

最厉害的是，这些小说本来没有排列顺序，是金庸先生先取了字头以后，再按照通顺的意思将它的顺序改了，才有了这副对联。如果你调换一下顺序，是不是就不能连成对联了？

所以，我们用字头记忆法来记内容，一定要学会灵活。很多内容的前后顺序是可以打乱的，只要能把字头拼出容易记的口诀，我们可以随意安排先后顺序，让记忆更有效。

【案例巧解析】

在历史上，"八国联军侵华"指以下几个国家，你能快速记住吗？

德国　俄国　英国　美国　法国　意大利　奥地利日本

我们可以按照字头记忆法来记忆，先从每个国家取第一个字，取出的字是：

德　俄　英　美　法　意　奥　日

但是这样排列的字头，看起来并不是很好记，我们就把它的顺序变一变，改成另一种排列方式，分别对应下面的谐音：

俄　德　美　法　日　奥　意　英
饿　得　没　法　日　熬　一　鹰

组成句子的意思就是，"饿得没办法，每日熬一只老鹰"，这样一看是不是特别容易记住？

在这个例子里，最关键的就是改变了国家的排列顺序，让字头的排列变得巧妙，才有了这样一个生动的句子协助记忆。

再试一试，用字头记忆法记忆我国的自治区呢？

内蒙古自治区　广西壮族自治区　新疆维吾尔自治区宁夏回族自治区　西藏自治区

我们可以提取自治区的字头，分别是"内""广""新""宁""西"，但是这样的排列顺序不太好联想，就稍微换一下顺序，用串联的方法组一个句子记忆：

内部广阔宁静，有新的希望。

这样，你记住了吗？

03
口诀概括记忆法

　　口诀概括记忆法，就是将我们要记的内容凝练归纳，浓缩成很短的信息，然后编成口诀或者歌谣，只要背过口诀就能记住这些内容了。

　　夏至日到了，按照习俗，盈盈一家在家里吃凉面，迎接夏天到来。在爸爸妈妈的讲解下，她知道原来一年有二十四个节气，古时候农民伯伯就是靠节气来安排耕种、收获粮食，因此二十四节气也是非常重要的农历日子。

　　"二十四节气都有哪些啊？"盈盈好奇地问爸爸。

　　爸爸告诉她，按照时间先后，可以把二十四节气排列出来，分别是：

　　立春、雨水、惊蛰、春分、清明、谷雨、立夏、小满、芒种、夏至、小暑、大暑、立秋、处暑、白露、秋分、寒露、霜降、立冬、小雪、大雪、冬至、小寒、大寒。

其中，每6个节气是一个季节，春夏秋冬分别从立春、立夏、立秋、立冬开始划分。

"哇，这些名字真好听，可是真难记啊！"盈盈看得眼花缭乱，叹息地说，"我觉得我这辈子都背不下来了，这比老师让背的课文还难！"

爸爸笑了，告诉她："那是你没有掌握正确的方法。"

妈妈问盈盈："你有没有听过《二十四节气歌》？我们小时候，都是唱着《二十四节气歌》把它背过的。"

盈盈问："那是什么呀？"

妈妈把节气歌写了下来：

春雨惊春清谷天，夏满芒夏暑相连。

秋处露秋寒霜降，冬雪雪冬小大寒。

上半年是六廿一，下半年是八廿三。

每月两节日期定，最多只差一两天。

前四句歌谣，就是二十四节气的缩写，每一句里含有六个节气，前四句分别代表春夏秋冬四季。比如第一句，歌谣中就藏着立春、雨水、惊蛰、春分、清明、谷雨这六个节气的单字缩写。

你可以找一找，其他三句中每个字分别对应哪个节气。

而后面四句就是二十四节气的时间安排。一般来说，两个节气之间相隔半个月，一个月有两个节气，在上半年，是农历初六和二十一，在下半年，是农历初八和二十三，最多相差一两天。这个节气安排有点儿复杂，但是用歌谣的方式，仅仅四句就说清楚啦！

所以，我们可以看到口诀概括记忆法的好处：

（1）一首歌谣可以容纳很多信息，背过口诀就学会了许多知识，记忆效率特别高。

（2）朗朗上口，特别符合大脑的记忆习惯，记住了就忘不了。

（3）能把有关系的信息全都记在一起，不用担心遗漏哪个。

盈盈按照妈妈写的《二十四节气歌》念了几句，很快就能将节气全都背清楚，整整二十四个，一个都不落！她特别高兴："妈妈说的办法实在是太好用了！要是能把口诀概括记忆法也用在其他内容的学习上，一定更有效果！"

【 方法细分析 】

用口诀概括记忆法，一定要记住两个关键点：

1.会概括，能抓住重点

想一想，二十四节气这么多信息，我们只需要四句口诀就能记住，这里面浓缩了多少知识和信息呀！因此，编口诀一定要学会抓住重点，能把信息最重要的地方提炼出来。

如果我们编的歌谣根本没抓到重点，跟要记的内容联系不上，那么背了口诀也记不住知识，不是白费力气了吗？

2.口诀要好记，就不能太长

有的同学发现口诀概括记忆法好用，就把很多内容编到口诀里面，动不动就有一二十行那么长。你想想，自己真的能记住吗？

平时我们背诗，如果有四句就背得很快，要是有八句，就会发现花费的时间远不止两倍。口诀越长，背起来困难就越大。

我建议，让你的口诀不要超过"横七竖八"——横着每句不要超过7个字，竖着不要超过8句。

另外，口诀概括记忆法可以用在很多情况下：

用法一：概括一个主题下的所有内容

比如，当我们要记忆二十四节气时，就可以用口诀将它们整理在一起，这样不容易忘记。

再比如，我们知道中国有悠久的历史，经历了很多朝代，你能一下子把这些朝代总结出来吗？我们可以用口诀来概括：

夏商与西周，东周分两段。

春秋和战国，一统秦两汉。

三分魏蜀吴，两晋前后沿。

南北朝并立，隋唐五代传。

宋元明清后，皇朝至此完。

通过这首朗朗上口的《历史朝代歌》，我们可以将中国古代的朝代按照时间顺序细数一遍：

夏朝　商朝　西周　东周

春秋　战国　秦朝　西汉　东汉

三国　西晋　东晋十六国

南北朝　隋朝　唐朝　五代十国

北宋　南宋　元朝　明朝　清朝

看一看，你从《历史朝代歌》里面找出这些朝代了吗？

用法二：对比容易弄混的对象

有时候，我们需要记的内容特别容易弄混，那么就可以通过口诀的方式强调两者之间的差别，这种对比法很有用。

比如，很多同学在刚学会"买"和"卖"这两个字时，就特别容易搞混它。因为"买"比"卖"字上面少一个"十"字，所以我们可以用这样的口诀来记忆：

少了就买，多了就卖。

这样是不是一下子就记住了？

除了用口诀对比区分相似的字形，也可以用它对比多音字的读法，让我们记得更牢固。

像"朝阳"和"朝向"两个词里的"朝"，前者读"zhāo"，后者读"cháo"，就可以用口诀记忆：

迎着朝阳朝东跑。

总之，口诀概括记忆法可以帮助我们区分一些容易弄混的知识。

用法三：让描述更形象

有时候，我们要背的内容很枯燥，记忆起来特别麻烦，就可以用口诀的方式让它生动形象，这样能加强记忆。

比如，当我们想记百家姓时，可以按照《百家姓》里的口诀来背，速度就很快。

赵钱孙李，周吴郑王；冯陈褚卫，蒋沈韩杨；朱秦尤许，何吕施张……

但对年纪更小的同学来说，他们对百家姓的书写还不熟悉，那么就可以把姓氏按照写法拆开，更细致地背诵，背会了就会写了。

弓长张，立早章，耳东陈，双口吕，口天吴，双人徐，双木林……

这样的描述，是不是比前一种方式更形象呢？

口诀概括记忆法可以用在很多地方，大家可以慢慢发掘，让学习变得更有趣。

【案例巧解析】

三国两晋南北朝时期的文化非常丰富，取得了很多成就，你能快速记住这一时期的历史文化成就吗？

数学家有祖冲之和刘徽；写出《齐民要术》的是农学家贾思勰；写出《水经注》的是地理学家郦道元；三位著名的医学家，分别是王叔和、葛洪与陶弘景；提出无神论的思想家是范缜；文学方面有"三曹""建安七子"和陶渊明；书法家有王羲之与钟繇；画家有顾恺之。

在这些领域，很多人都作出了很大贡献，但是这些科学和文化领域实在是太广了，而且掺杂了很多数字，比如"三曹""建安七子"等，信息量很大。我们可以尝试着用口诀的方式概括一下。

我的概括方式是，高度凝练成四句话，只保留"领域特征+数字"，比如两位数学家，就概括为"两数"，三位医学家就是"三医"，这样歌谣就变成了：

两数一农一地理，三医一思一画家，
建安七子与三曹，还有两书与一陶。

"建安七子"是指孔融、陈琳、阮瑀、徐干、王粲、应场、刘桢，要记住他们的名字，还可以加一句：

要问七子都是谁，孔陈阮徐应刘王。

这样记忆，能把原本烦琐的细节都囊括进来，不会落下知识点。

04
身体码记忆法

    同学们，前面介绍了联想在高效记忆中的作用。在学习和生活中，大家会接触到很多"碎片式信息"，比如早餐吃了什么，路上听了哪首歌，路边的广告牌写着什么……这些都是一分钟就能说清楚的信息，就像碎片一样。

    要把生活的碎片都记住，就要像串珍珠似的，用一根"线"将这些碎片连在一起，不然我们很快就会忘掉。不信你试一试，回忆上个星期每天中午都吃了什么，是不是已经想不起来了？碎片信息没有被串联起来，就是被遗忘的原因。

    那该怎么解决呢？

    按照一定规律进行联想，就是串联起信息的最好方式。

文字档案记忆法利用了联想的系统性，采用"定位联想记忆"的原则，能帮助我们将无序的信息有序化，快速记忆。给大家举个简单的例子：

将抽屉里的一大堆杂物全都倒在桌子上，是不是觉得十分混乱，很难快速找到自己需要的东西？我们要解决这个困难，所以会把这些混杂在一起的物件进行分类，然后储存在各自的抽屉里。

比如第一层放文具，第二层放电子产品，第三层放实用工具……

这样我们才能在需要剪刀、胶水或者充电器时快速找到对应的抽屉。

定位联想记忆也是这样，被用来定位的词就是"抽屉"，让不同的文字也被归纳分类，像收拾房间似的去收拾我们要记住的词。身体码是最主要的文字记忆方法之一，它利用人身上10个熟悉的部位，按照从上到下的顺序排列，构建记忆的"抽屉"。

也就是说，我们把要记住的文字信息跟自己身体的部位联系起来，就不会忘了。身体成了串联这些信息的

"线"，当你从头到脚数一数10个部位，就会联想到存在于这些"抽屉"里的对应词了。

【方法细分析】

身体码的组成和记忆顺序是：

1.头发　2.眼睛　3.鼻子　4.嘴巴　5.脖子　6.前胸　7.后背　8.手　9.腿　10.脚

大家要先记住身体码的组成，然后按照由上及下的顺序记住它的先后，快速掌握直到背熟。既然要构建身体码作为记忆的定位"抽屉"，就一定要先掌握身体码，如果觉得记忆起来不够熟练，还可以配合肢体动作来做。

比如，牢记下面这个口诀：

1甩头发2眨眼，

3皱鼻子4噘嘴，

5摇脖子6挺胸，

7弯后背8摆手，

9动腿来10踢脚。

一边背，一边做出对应的动作，来做几遍口诀操，大家很快就能记住啦！

身体码的记忆熟练度考核标准是，当你说出其中一个数字时，能说出对应的身体位置。例如说到"7"，你的脑海中就能联想到"后背"。反之，说出"鼻子"，脑海中就能联想到"3"。只有熟练掌握身体码，才能进行下一步——与其他信息的定位联想。

完全无规律的词语是最难记忆的。当我们看到这些令人头痛的词时，先按照数量和顺序把它们简单地分一分。比如10个词，第一个词就分配给第一个身体码"头发"，第二个词就分给"眼睛"，以此类推。

如果是20个词的话，两个词可以分给一个身体码，这就像给身体的小抽屉分东西一样。比如，当"书包"和"蓝色"分配给了"前胸"这个身体码，就是通过"前胸"这个小抽屉来分类了。因为前胸是第6个身体码，我们就知道，这两个词属于所有词的第6部分。然后，可以进行联想造句，比如"书包是蓝色的，反背在前胸"，你的脑海中就会出现这样的图像。

这样，可以帮我们准确记忆更多的词与其相应的位置。

【案例巧解析】

下面我们随机挑选20个无关词进行案例分析，让同学们了解身体码的使用过程。

棍子　女孩　草　开花　备课　书本　颗粒　冰冷　流浪　故乡

菠萝派　冠军　猎人　口号　受苦　榨菜　金字塔　迷惑　期末　畸形

20个词分给10个身体码，就按照每两个词分配一个身体码的原则，先将这些词进行定位和分类。然后，我们开始进行联想记忆。

大家要注意的是，多个词分配给一个身体码时，联想造句时的顺序一定要按照词的先后，不要打乱。比如"棍子"和"女孩"都分配给了"头发"这个身体码，就按照"棍子"在"女孩"前面的顺序造句，"棍子插进女孩的头发里"是对的，"女孩的头发上有一根棍子"就是错的，记住了吗？

下面是具体的造句，大家也可以学一学，造新句子练一练。

1.头发——棍子，女孩：棍子插进女孩的头发里。

2.眼睛——草，开花：眼睛看到草上开了花。

3.鼻子——备课，书本：因为备课看书本，鼻子不舒服。

4.嘴巴——颗粒，冰冷：被嘴巴触碰的颗粒很冰冷。

5.脖子——流浪，故乡：因为扭伤了脖子，流浪者回不了故乡，心里更难受了。

6.前胸——菠萝派，冠军：前胸挂着吃菠萝派的冠军奖章。

7.后背——猎人，口号：后背有猎人在喊口号。

8.手——受苦，榨菜：受苦的人手拿着榨菜。

9.腿——金字塔，迷惑：靠两条腿走到金字塔是令人迷惑的。

10.脚——期末，畸形：脚在期末考试期间畸形了。

当看完这些词之后，再闭上眼睛进行回忆，感受你刚才联想到的画面和对应的身体位置。因为通过联想把这些词构建成了生动的句子和场景，这些场景中又有身体部位的参与，所以回忆时会更加容易，你会发现，记忆20个没有顺序和规律的词变得容易多了！

05
角色记忆法

　　当你要一次记住很多琐碎的信息，比如20多个相互没有关系的词语、40多个数字等，你觉得自己能记住吗？

　　相信不少同学都觉得自己做不到，谁让我们的大脑的确有局限呢？

　　就像前面说过的，人的大脑能力有限，一次最多能记住7个音节，也就是7个数字或字，超出7个的话记忆能力就会衰退。因此，要一次记20多个，那可是7的好几倍，肯定做不到啊！

　　但是，运用一些小技巧，我们就可以"骗"过大脑，让它以为这些信息很容易记住。

　　大脑一次只能记住7个音节，那我们就把20个词拆成好几组，一组只留下几个，这样不就行了吗？ 20个词不好记，可是4组词、每组5个，大脑就会觉得容易多了。因为，大脑每次只需要记5个词，再记住4个组的顺序就行了。

比如，你需要记住下面这20个词，要求顺序、位置都能记住，你能做到吗？

瀑布　鲁迅　士兵　除法　树荫　杜甫　字典　黑夜　鲸鱼　游戏

空调　考试　快乐　彩排　成果　故事　公安　付费　访谈　诞生

一次看到这么多词，大脑只剩下一片混乱，就算用串联联想的方式来记忆，也不能一下子将这么多词串在一起。

所以，我们要按照每5个一组的方式进行划分，例如，前5个可以写在一起：

第一组：瀑布　鲁迅　士兵　除法　树荫

划分完后，每一组都变短了，单独使用串联联想法就可以记住了。

不过，还是有同学会有问题："虽然每一组的词我都记住了，但是这四组的顺序我总是弄混。有时候背完第一组，只能想到第三组，第二组就忘了。"遇到这种情况，我们可以运用角色记忆法，结合起来记忆。

【方法细分析】

以上面分好组的词语为例，我们来了解一下角色记忆法。

我们按照数字的顺序给词语分了组，但简单的数字顺序很难记得牢，经常被大家弄混或忘掉。因为数字在我们脑中没有明确的情景和形象，大脑没法把它加入我们联想的场景里。所以，我们可以把数字分组的方式换一换。

比如，大家都很熟悉《西游记》里的主要角色，除了师父唐僧以外，他还有四个徒弟——孙悟空、猪八戒、沙和尚、白龙马。当我们想起这些角色，脑海里就会自动浮现他们的形象。角色记忆法，就是把要记忆的词分别想象成唐僧、孙悟空、猪八戒等角色做的事情，把词分配给他们，然后联想出故事。

这样一来，按数字分组就变成了按角色分组，我们可以把词这样分：

唐僧：瀑布　鲁迅　士兵　除法　树荫

孙悟空：杜甫　字典　黑夜　鲸鱼　游戏

猪八戒：空调　考试　快乐　彩排　成果

沙和尚：故事　公安　付费　访谈　诞生

如果这些词都是围绕着师徒四人发生的，你能用串联联想的方法编出什么故事呢？我是这样编的：

唐僧在瀑布下和鲁迅的士兵做除法题，他们坐在树荫下进行比赛。

孙悟空跟杜甫一起查字典，他想知道黑夜里鲸鱼为什么玩游戏。

猪八戒在空调间考试很快乐，考的是他的彩排成果。

沙和尚讲的故事引来了公安，他的付费访谈就这么诞生了。

每个故事里，都有一个鲜明的角色。这样，我想记起第一组词时，就会想"唐僧在干什么呢"，想记起第三组词，就想"猪八戒在干什么呢"，这可比用数字来标序号好记多了。

这就是角色记忆法的魅力。

【案例巧解析】

你能用角色记忆法，协助记忆鲁迅先生《从百草园到三味书屋》中的这一段话吗？

不必说碧绿的菜畦，光滑的石井栏，高大的皂荚树，紫红的桑葚；也不必说鸣蝉在树叶里长吟，肥胖的黄蜂伏在菜花上，轻捷的叫天子（云雀）忽然从草间直窜向云霄里去了。单是周围的短短的泥墙根一带，就有无限趣味。油蛉在这里低唱，蟋蟀们在这里弹琴。翻开断砖来，有时会遇见蜈蚣；还有斑蝥，倘若用手指按住它的脊梁，便会啪的一声，从后窍喷出一阵烟雾。

这段文章列举了百草园中各种各样有趣的植物和动物。我们在记忆时，最难的就是记准顺序。

我们只要诵读几遍，很容易就记住"菜畦"是碧绿的，"石井栏"是光滑的，"皂荚树"是高大的，也能背过鸣蝉、黄蜂、油蛉的形象和动作，但最难的是记住它们出现的顺序。有时候，背着背着就跳过了一段，自己还不知道呢！

所以，我们可以用角色记忆法，对文中出现的植物和动物的顺序加深记忆。

我是这样联想记忆的：

唐僧站在碧绿的菜畦里，抓着光滑的石井栏去摘高大的皂荚树。

孙悟空吃了紫红的桑葚变成鸣蝉，一边叫一边跟肥胖的黄蜂在菜花上打架。

猪八戒骑着叫天子窜向云霄，去抓唱歌弹琴的油蛉和蟋蟀。

沙和尚在砖头下面抓蜈蚣和斑蝥，变出烟雾来。

先把这些植物和动物搭配上经典角色，然后联想一个夸张的场景；我们只要把这个场景在脑海中反复播放，就能更快速地记住这样一长段文章，背诵时也不容易遗漏。

06
精确记忆实战分析

第1题，你知道怎么记忆黄河中下游地区的四省两市吗？

河北省　河南省　山西省　山东省

北京市　天津市

首先，我们要通读一遍，知道这道题问的意思——指黄河中下游流经过的省份和城市。

然后，我们可以用归纳概括的方法，将这几个省份和城市的规律体现出来。比如，前两个省份在"河"的一南一北，后两个省份在"山"的一东一西，还有两个大城市。

概括成歌谣，就是：

中下两河加两山，沿着黄河到北天。

"两河"是河北和河南，"两山"是山西和山东，"北天"是北京和天津。这样，这6个地区就很快记住了。

第2题，气候的变化受到多种因素影响，主要是以下5种，你能记住吗？

洋流　地形　海陆分布　大气环流　纬度

首先，我们读一遍，理解这5个因素都是影响气候变化的主要原因。

然后，我们按照字头记忆法将这几个词压缩一下，每个词中提取一个字，我选的字是：

洋　地　海　大　纬

接下来，就是字头记忆法最关键的一步，要调整这几个字头的位置，让它们能组成一个尽可能简单、生动的句子。我调整完句子之后，用谐音处理一下，可以得到这样一句话：

伟（纬）大地海洋

这样，我们可以比较快地记住，影响气候变化的因素是"伟（纬）大地海洋"。

第3题，如果要背诵诗人王维的《送元二使安西》，怎样背才会更快？

渭城朝雨浥轻尘，客舍青青柳色新。
劝君更尽一杯酒，西出阳关无故人。

首先，通读这首诗，了解这首诗所描述的内容和场景，通过场景联想加深理解和记忆。

渭城清晨的细雨将路边的尘土都打湿了，也让客舍旁的杨柳颜色显得很清新。劝君再喝一杯酒，等向西出了阳关就遇不到故人了。

建立了情景认识之后，我们会很快记住每一句诗单独的内容，然后，通过文字档案的方式将四句诗整合在一起。

在每句诗中选一个词总结它，你会怎么选呢？我选的是：

雨　柳　酒　关

之后，通过联想造句的方式，提炼为：

下雨时用柳叶酿酒是一个难关。

这样就能将四句诗串联在一起，很容易记住了。

第4题，下面是一些多音字，你知道可以怎样记住它们的不同读音吗？

卜：萝卜（bo）　占卜（bǔ）

刹：刹（chà）那　刹（shā）车

称：称（chēng）量　称（chèn）心

乐：音乐（yuè）　快乐（lè）

我们可以通过编写口诀的方式，让这些多音字更容易记。口诀只要朗朗上口，怎么编写都可以。我编的口诀是：

> 拔萝卜，做占卜；
> 一刹那，快刹车；
> 称得准，才称心；
> 学音乐，真快乐。

用这样的歌谣来记忆，多音字就组成了对，记的时候又准又快。

第六章

数字记忆法

Part 6

01
数字编码的力量

作为学生，相信你每天都在跟数字打交道。不仅是上数学课时，需要绞尽脑汁地跟数字过招，其他时候也少不了要记忆数字——

逛超市时看到商品价格，可能需要你记下来；

家长新换了电话号码，你可千万不能忘记；

学历史时，看到的年代数字、生卒年月，也得了解；

地理课上学到的河流长度、山峰高度和国家面积，同样不能忽略；

……

伴随着我们逐渐长大，还有很多更复杂的数字需要我们记忆。可是数字不像文字那般生动，看起来特别枯燥，它们也能通过一定的技巧加快记忆吗？

答案是——可以。

因为数字比较抽象和枯燥，不符合大脑的记忆习惯，所以我们就要用各种方式给数字"编码"，把它转化成图像来记忆。

比如，很多同学在期末考试前都会吃一根油条和两个鸡蛋，因为这看起来特别像"100"这个数字，以祝福自己考满分。把"100"比喻成一根油条和两个鸡蛋，就是我们在给数字"1"和"0"编码，这样在我们的脑海里，出现油条就知道是"1"，出现鸡蛋就知道是"0"。

这其实也是一种基于联想的记忆方法，把数字联想成具体事物，那么一串数字在脑海中就可以替换为很多具体的物体，我们再按照编故事、搞串联的方式记住就行了。

数字编码有很强大的力量，可以解决我们苦恼的数字难以记忆的问题。

【方法细分析】

如果要在脑海中更生动地记忆一串数字，你可以把它用什么方式进行转换呢？

根据数字的特征不同，我们使用的方式也不一样，一般来说主要有三种：

1.象形法

象形法，顾名思义，就是按照数字的符号形状来进行联想，把它们跟相似的形象联系在一起。比如，"2"看起来就像一只弯着头的天鹅，或者一只小鸭子，"7"则看起来像老爷爷手中的手杖，"11"像两根筷子一样又细又长。

在用象形法进行记忆时，一定要注意一个原则——不要选择抽象的形象来协助记忆数字，一定要联想一些你平时熟悉的事物。

比如，有的同学告诉我："老师，我觉得'6'这个数字，看起来特别像英文字母'b'，我可以这样联想吗？"

按道理说，它们的确长得有点儿像。但是你想一想，如果你的脑海中无法构建出关于"6"的准确形象，难道你就能想象出"b"长什么样子吗？在我们大脑的想象空间里，英文字母和数字一样，都是非常抽象的，我们不能用一种抽象的元素去解释另一种。

所以，我们一定要把数字跟看得见、摸得着的东西联系在一起，这样记忆背诵的时候，速度才会比较快。

2.谐音法

前面曾经讲过，每个人的视觉和听觉灵敏度不同。有的人是视觉印象更强，所以对看到的东西记得更牢；有的人是听觉印象更强，所以听到的信息印象更深。因此，我们在记忆数字的时候有不同的办法，象形法是把数字和"看起来"相似的事物联系起来，而谐音法是把数字和"听起来"相似的事物相联系。

谐音法主要用在两位数或者多位数上。比如，"70"可以谐音记成"麒麟"，"658"听起来有点儿像"留我吧"。如果要记的数字数量比较多，谐音又很好记，它就能比其他方法快很多。

3.联想法

还有一种情况，就是根据我们的习惯不同，可以把数字联想成字形、读音都不相关的事物。

比如，看到"01"这两个数字，你可以联想"冠军"这个词，用它来编码。虽然"01"从外形到读音，都跟"冠军"没有任何关系，但我们很容易就能联想到，"冠军"就是第一名，也就是"01"。

类似的联想还有"110"，可以记成"报警"，"97"可以记成"香港"，因为110是报警电话，1997年是香港回归的年份。

通过不同的方式，我们可以赋予数字一个意义，对它进行"编码"。

【案例巧解析】

想要快速记住下面这两串数字，你可以怎么做？

87496574　68932516

这两串数字都有8位。我们可以将每两个数字划分为一组，这样两串数字就可以分别被划分为：

87/49/65/74　68/93/25/16

第一串数字可以记成：霸气（87）地解放（49）了落伍（65）的骑士（74）。

其中，"49"运用了联想法，因为1949年是解放全中国的年份。

第二串数字可以记成：留疤（68）是因为被旧伞（93）伤了，爱我（25）就买个石榴（16）补一补。

通过联想法和谐音法，就把这两串数字都记住了。

02
数字象形记忆法

进行数字象形记忆的训练，既能提高我们的记忆能力，也能帮助我们提升自己的联想和创造能力。因为，只有善于观察、想象力丰富的同学，才能把数字想象成生动形象的其他事物。

子峰就是一个想象力非常丰富的学生。上学的时候，每当他看到天边的云彩，都可以轻松想象出对应的形象："这朵云看起来像熊猫，那一朵就像两只在打闹的小兔子。"

在自然科学课上，老师告诉大家，地球的赤道半径有6378千米。同学们都在想，赤道可真长！只有子峰的感想是："6看起来像一把手枪，3看起来像耳朵，7像一个拐棍，8像个葫芦！"

所以，子峰就这样记住了地球赤道的半径——手枪挂在耳朵上，拐棍串着俩葫芦。

喜欢联想的子峰不仅从这些想象里找到了趣味，而且发现自己的观察能力也提升了，他总能发现别人忽视的信息。

在记忆一些简单的数字时，使用象形记忆法，能够快捷地给我们留下深刻印象。不过，如果数字的数量较多，再用象形记忆法就有些困难。因此在实践中，我们还是要根据自己的需求来进行选择。

【 方法细分析 】

象形记忆法主要针对的是数量较少、比较难记的数字。我们在进行象形记忆时，要注意几个细节：

1.象形记忆法熟能生巧，一定要多练习

不管是象形记忆还是谐音记忆，我们的目标都是熟能生巧。如果你是第一次把数字转化成其他形象，可能感觉记忆起来没那么快。这是因为我们还不够熟悉，不能在看到数字的一瞬间，潜意识里就将它和形象图片对上号。

所以，提升这种记忆速度的唯一办法就是多练习，直到熟悉为止。最理想的状态就是，不用刻意去回忆，看到这个数字我们就能想到对应的事物和意象。

2.不要随便更换数字联想的对象

既然我们要把数字和对应的事物固定联系在一起，就不能每次看到一个数字就换一个联想对象。

比如，今天你在练习的时候，认为"8"对应的事物是"葫芦"，明天就不能再改成"花生"了。这两个东西看起来都跟数字"8"有点儿像，也能联系到一起，选哪一个都没问题。但要注意，选中了之后就不能随便换，不然你每天练的内容都不一样，又怎么能达到熟练呢？

3.给数字0～9进行编码

因为象形记忆法在数字量比较少的时候记起来很有用，所以我们在对数字进行编码时，主要编写的就是个位数0～9。

通过你的观察和联想，把0～9这10个数字分别与看起来相似的事物联系在一起，制定一个属于自己的数字象形记忆码，就可以练习和实践数字象形记忆法了。

对我来说，0～9的数字象形记忆码是：

0—鸡蛋　1—油条　2—鸭子　3—耳朵　4—小旗

5—挂钩　6—手枪　7—拐棍　8—葫芦　9—口哨

给数字赋予它的象形意义只是第一步，真正做到将这个编码融会贯通，还是得经过不断练习，直到我们能把它牢牢记住。

【案例巧解析】

下面是4位数以下的数字组，你能很快地将这些数字全都记住吗？

23　34　457　89　1765　2378　28　334

因为我们每个人的习惯不同，所以大家的象形记忆也各不相同。你可以自由发挥，只要能记住，就是有用的。

用我的象形记忆码，这些数字可以这么记：

23：鸭子长了一双大耳朵。

34：我的耳朵上别着小旗子。

457：小旗子被钩子挂在拐杖上。

89：玩过葫芦我就吹口哨。

1765：我吃着油条，拄着拐杖，把手枪用钩子挂在身上。

2378：鸭子的耳朵听到了拐杖敲葫芦的声音。

28：鸭子举着葫芦。

334：一对耳朵听到旗子的响声。

用数字象形记忆法，一次可以记住好几个数字，真的非常简单。

03
数字谐音记忆法

虽然象形记忆法好用，但当数字多的时候，我们就会面临数字重复的问题。

比如，"332949"这个数字，在记忆的时候，我会说"我的一双耳朵听到鸭子吹口哨，又听到旗子发出口哨的声音"。里面出现了两个数字"3"和两个数字"9"，因为每一个数字对应的象形记忆码是唯一的，我们不能随便更改或添加，所以只能在记忆时重复两次这个意象。

偶尔这样还好，但如果需要记很多数字，象形记忆法中联想到的物品就会反复多次出现，很容易让我们把不同数字记混了。

在这种情况下，我们就要选择新的记忆方法，比如数字谐音记忆法，或者将数字谐音记忆法与象形记忆法结合在一起，协助我们的大脑进行数字记忆。

关于数字谐音记忆，有一个与圆周率有关的有趣故事。

从前，有个私塾先生特别爱喝酒。有一天，他布置了一道题目，让学生在放学之前把圆周率背到小数点后第30位，背不完就不能回家。

这一串数字有这么长：

3.141 592 653 589 793 238 462 643 383 279

大家只能老老实实开始背，而私塾先生就趁这个时候，偷偷跑出去喝酒了。只有一个调皮的学生，在中途离开了课堂，发现了先生偷偷喝酒的事情。

等先生喝完酒回来检查大家的背诵情况，就诧异地发现，那些乖巧的学生几乎都没背过，只有几个平时特别调皮的孩子背得滚瓜烂熟。先生忍不住看了一眼，发现其中一个调皮的孩子在自己的纸上写了一首谐音打油诗，将这30位数字编写在了里面。诗的内容就是嘲讽先生偷偷喝酒。

山巅一寺一壶酒（3.14159），

尔乐午膳吾把酒（2653589）。

吃酒杀尔杀不死（7932384），

遛尔遛死（6264），

扇扇吧（338），

扇耳吃酒（3279）。

先生看了之后很生气，却没办法惩罚这几个学生。

看完这样一个有趣的谐音小故事之后，你是不是也会背这么长一串圆周率了？那还等什么，快点儿用数字谐音记忆法去试一试，记忆身边的数字吧！

【方法细分析】

数字谐音记忆法用起来非常方便，不过在实际操作中，我们也会面临一些小问题。

比如，除了一些有一定谐音规律的数字之外，很多数字不太容易找到谐音的文字，还能串下来读得特别通顺。因此，我们需要一种适合任何情况的谐音记忆方法。

我们随便选一组完全没有谐音规律的数字：

783596

1.每两个数字分成一个编码，共同记忆

我们运用数字象形记忆法，只编写了 0 ~ 9 这 10 个数

字，每一个数字都有一个单独的意义。现在，我们选择谐音记忆法，正常情况下，两个数字可以组成一个谐音词，比如"74"读起来像"骑士"，"06"读起来像"领路"等。这个时候，我们就可以按每两个数字为一组来划分，把两个数字记成一个事物，合并成一个编码。

这种情况下，我们选定的这组数字就可以划分为"78""35""96"。

2.将100以下的两位数编成谐音词或联想词

就算只把两个数字划分成一组，但如果你突然看到一组数，也没法立刻反应出来它的谐音是哪个词。

比如，突然看到"40"，你能想到它的谐音词吗？能想到几个？

需要记忆数字的时候，我们可没有这么多时间可以用来犹豫，而大多数时候，数字与数字之间没有很好的谐音关系。为了解决这个问题，我们还是要像之前编写象形记忆码一样，提前把谐音码也定下来。

因为谐音记忆是按两个数字为一组来记，所以我们在编写谐音记忆码的时候，要把所有的两位数全都找到对应的谐音意象。

下面我用11～20的数字和它们的记忆对象举例，说明我是怎么记忆数字谐音的。其中，也有几个是按照联想法进行的定义。

11—筷子　12—钟表　13—衣衫　14—钥匙
15—鹦鹉

16—一路　17—仪器　18—腰包　19—衣钩
20—按铃

你可以根据自己的习惯制定，但还是那句话，只要你已经确定了自己的谐音编码，就不要再随便改动，这样才能记得熟、记得牢。

3.将数字编码对应的谐音词编成故事

等你将100以下的两位数都编出了对应的词，只要拿到一串数字，就可以将这些数字转化成谐音词，然后把词串联起来，用我们之前学到的文字记忆法编成故事。

比如，前面举例的"783596"，可以分成三个词，分别是"奇葩（78）""三无（35）""酒楼（96）"。

将这三个谐音词编成故事，可以是：

奇葩在三无酒楼。

这样我们就实现了快速记忆一串数字的目的。

【案例巧解析】

如果要记忆下面这些数字，你知道该怎么编码吗？

66　98　67　39　34　75　46

66：根据联想法，"66"看起来像标点符号中的引号，所以是"引号"。

98：根据谐音法，"98"可以记成"酒吧"。

67：根据谐音法，"7"听起来有点儿像"级"，所以"67"就是"留级"。

39：根据联想法，"39"容易想到"三九胃泰"，所以是"胃药"。

34：根据谐音法，"34"听起来像"山寺"。

75：根据谐音法，"75"听起来像"起舞"或"起雾"。

46：根据谐音法，"46"听起来像"石榴"。

如果要根据下面这些编码，倒推出相应的数字，你知道是什么吗？

儿童　司机　巴黎　山路　党员　香港　武器

　　因为儿童节在 6 月 1 日，所以"儿童"是"61"的联想词；"司机""巴黎""山路"分别是"47""80""36"的谐音词；因为 7 月 1 日是建党日，所以"党员"是"71"的联想词；因为 1997 年是香港回归年，所以"香港"是"97"的联想词。最后，"武器"是"57"的谐音词。

04
长段数据的记忆

现在，我们基本上学习了数字编码的基本记忆方法，面对有一定长度的数字，一定也能游刃有余地拆解和记忆了。这时候，如果遇到一段很长的数据，你知道该怎么记忆吗？

小薇学习数字编码也有一段时间了，基本上已经把0~99这100个两位数编码全都背熟，但看到一长串数字时，她还是觉得自己背不过。

比如，"13986965780"这串数字，可以拆解成：

油条（1）胃药（39）八路（86）酒楼（96）武器（57）巴黎（80）

到这一步，小薇做得很顺利。但接下来，她就不知道该怎么办了。

"这些词在我看来都没有任何关系呀，怎么才能记住呢？"小薇很着急，"我想不到它们能怎么联系在一起。"

"你可以先把这些词读一读，如果觉得一次编这么长的句子太困难了，就先两个两个地将词组合成小短句试试！"妈妈这样教小薇。

比如，先组成"吃完油条吃胃药""八路军去酒楼""武器运到了巴黎"这样的小短句，对同学们来说就比写长句子简单多了。

"然后呢？然后我还需要做什么呀？"小薇问，"这样我是可以记住的。"

妈妈指着这三个小短句说："然后你的困难进一步减轻了，只需要把这三个小句子改一改，让它们能联系在一起就行了。你想想，只联系三个场景，应该觉得容易多了吧？如果还不行，就再两两组合，慢慢把句子拼起来。"

这样，小薇经过思考和微微调整，就把三个句子组成了一句：

吃完油条吃胃药的八路去酒楼拿了武器运到了巴黎。

"现在我知道了，一口吃不成胖子，要是我没办法把一串数字联想串联起来，我就先一点点扩大，总能把长数字记住的！"小薇总结说。

【方法细分析】

我们还是以圆周率为例，看一下不同的拆解方法到底有什么特点。下面是到小数点后第19位的圆周率，一共有20个数字。

3.141 592 653 589 793 238 4

第一种记忆方法，就是前面介绍过的歌谣法，将20个数字完全按照谐音编成歌谣，好处是记起来特别迅速，坏处是不适用于绝大多数情况，只适合比较巧合的数字。

第二种记忆方法，就是将它按照数字谐音记忆码来记忆。先把数字按照两两一对的方式，对应上它的谐音词：

山腰（31）司仪（41）五舅（59）二楼（26）高考（53）我爸（58）香港（97）旧伞（93）儿童伞（23）巴士（84）

然后，将这10个词语串联在一起，想象成一个场景：

山腰的司仪让五舅从二楼下来去高考，我爸从香港拿的旧伞是儿童伞，带着去坐巴士。

这种记忆方式跟前面的歌谣法比起来，有一点烦琐麻烦，但好处是这些数字谐音记忆码在任何时候、任何情况都可以用，没有局限性。

第三种记忆方法，是将前两种结合起来。比如，在歌谣里，第一句"山巅一寺一壶酒（3.14159）"记起来很顺，后面几句稍微困难一些，我们就可以把第一句保留，后面再进行数字谐音记忆码的联想。

到底哪一种最合适，还是根据情况和我们的思考习惯来决定。不论怎样，这些方法都给了我们一个记忆长段数字的机会，这在以前是做不到的。

【案例巧解析】

用下面几个长段数字训练一下你的数字记忆能力。

训练1：27854874556853727523

训练2：76189373718910220264

训练3：17876420130782585245

把数字按照编码记忆的方式，拆开对应成词，然后联想串联成整体的句子。

训练1：

耳机（27）芭蕾舞（85）私奔（48）骑士（74）警报（55）路霸（68）高考（53）妻儿（72）起雾（75）儿童伞（23。）

可以串联成句子，这样记：

耳机里芭蕾舞演员私奔后骑士发出警报，路霸要高考带着妻儿发现起雾了就拿出儿童伞。

训练2：

气流（76）腰包（18）旧伞（93）奇山（73）党员（71）罚酒（89）保龄球（10）鸳鸯（22）玲儿（02）律师（64）

可以串联成句子，这样记：

气流穿过腰包露出旧伞被奇山上的党员拿走，为了罚酒他们打保龄球逗鸳鸯最后带着玲儿去找律师。

训练3：

仪器（17）霸气（87）律师（64）按铃（20）衣衫（13）特工（07）靶儿（82）我爸（58）捂耳（52）下课（45）

可以串联成句子，这样记：

仪器人员霸气地让律师按铃进来，穿了衣衫的特工打着靶儿，我爸捂耳下课了。

05
数字与文字资料的结合记忆

在实际应用中，我们除了要记长段数字之外，也会把数字和文字结合在一起记忆。应该说，数字与文字资料的结合记忆才是我们平时用得比较多、比较重要的。

这种情况会出现在各个科目的知识中。

在语文课上，我们要了解诗人、作家的生卒年，比如李白是701年出生，762年去世；白居易是772年出生，846年去世。白居易出生的时候，李白已经去世十年了。

在地理课上，我们知道了赤道的半径有6378公里，黄河的全长是5464公里。

在历史课上，我们需要知道一些重大事件的发生时间，比如1368年朱元璋建立了明朝，1662年郑成功收复了台湾。

……

这些需要记忆的信息里，数字看起来都不长，因此给我们留下比较好记的错觉。实际上，因为数字的抽象性，我们很难将它和对应的文字看作一个整体，不管背上多少遍，还是很有可能忘掉，或者记错。

所以，就算你可以非常熟练地记住"郑成功收复了台湾"这件事，当问起你"收复台湾是哪一年"的时候，你也可能回答成"1663年"。

欣欣今年刚从小学六年级升至初中，最大的变化就是要学习的科目变多了，历史作为一门需要记忆、学习的重要科目，有许多跟年份有关的知识，她背诵时总是觉得很崩溃，光是时间就能把她搞糊涂：

公元前1046年，武王伐纣，建立西周；

公元前221年，秦王嬴政灭掉六国，建立秦朝；

公元前202年，刘邦称帝，建立汉朝；

曹丕建立了魏国，公元220年称帝；刘备建立了蜀汉，公元221年称帝；孙权建立了吴国，公元229年称帝；

……

"哎呀，这么多年份，随便背一背就记错了！"欣欣简直要崩溃了，光是三国时期，魏蜀吴三国建立的年份，她就背混了好几次。

她发现，不是数字越短就越好记。在这些文字材料中夹杂的数字，因为跟前后内容都不关联，作为数字几乎是独立出现，所以就算很短也特别容易记错。

欣欣忍不住说："要是数字也能像文字一样好记就好了。"

所以，在数字与文字资料结合的情况下，我们需要考虑的是怎么让孤立的数字融入进去，变得跟文字一样好记。

【方法细分析】

当数字与文字资料结合时，我们就不能任由自己发挥，随便编故事来解释了。

比如，"1662年，郑成功收复台湾"这一条信息，我们就不能随便更改"郑成功收复台湾"这个历史史实，只能扩充这个信息，让数字跟原本的文字联系起来。

这种情况下，单独记忆"1662年"有点儿枯燥，而且死记硬背也容易记错，万一考试的时候，出的就是一个年份的填空或选择题，我们不就选错了吗？就算记住"郑成功收复台湾"，也拿不到分数了。

所以，我们可以把年份数字用谐音法进行联想，转化成"一路（16）""牛儿（62）"。然后和原本的历史资料进行结合，扩充之后就变成了：

郑成功一路骑着牛儿成功收复了台湾。

这样一看，既好记又准确，还通过夸张的场景刺激大脑，记得更快。

你一定要注意，数字与文字资料结合的记忆法很独特，需要记住几个要点：

1. 不要改动文字资料的原意和内容

我们采用这种记忆法，是为了把内容记得更快更准确，而不是为了给自己创造新的错误印象。因此，原本就需要记得很准的文字资料，一定不要轻易改动原本意思，免得影响自己的记忆。

前面介绍的很多记忆法，大家都可以自由发挥，比如要记住一串数字、几十个词组等，只要发挥想象力结合在一起，怎么处理都可以。但是在数字与文字资料结合时，我们不能对客观的、历史的资料做出任何改动。

2. 记忆的目的是将数字融入原本的文字资料中

在前面介绍的记忆法，目的是让我们尽可能快速准确地把整体内容记住。在这里，记忆法的目的是将格格不入的数字和原本的文字资料融合在一起，产生整体性记忆。这样一来，本来不好记、容易记错的数字就跟这个知识点牢牢结合在一起了。

只有知道了目的，才能作出最正确的判断。基于这个前提，我相信大家都可以运用好数字与文字资料结合的记忆法。

【案例巧解析】

把数字与文字资料相结合，试一试更快地记住下面这几个历史年份。

960年，赵匡胤通过陈桥兵变，建立了宋朝。

1857年，印度发生了人民起义。

1941年，毛泽东发表了《改造我们的学习》。

在记忆历史年份时要始终记得，你的目的是把数字融入原来的文字资料里。因此，通过谐音法或联想法分析数字时，你可以和原来的历史资料相结合进行分析。

比如，赵匡胤建立宋朝，之后发生著名的"杯酒释兵权"事件。为防止大臣起兵作乱，赵匡胤借一场宴会收走了臣子手中的兵权。我们可以将这件事和宋朝建立的年份结合在一起，比如：

赵匡胤通过陈桥兵变建立了宋朝，摆下酒肉林（960）邀请大臣，一起庆祝。

而在解读印度的人民起义时，我们要联想到，起义人民手中会拿着武器。因此，这个年份可以记成：

印度发生了人民起义，每个人手里都拿着一把武器（1857）。

毛泽东主席是老一辈的无产阶级革命家，一生都在为了解救人民而奋斗。我们可以将这一点结合进去，记忆的时候这样想：

毛泽东发表了《改造我们的学习》，目的就是"营救4亿（1941）中国人"。

历史年份的记忆一定要基于原本的文字资料背景，这样记起来会更快一些。

06
精确记忆实战分析

第1题，试一试，用数字结合文字背景的方式记住下面的年份。

1069年，王安石主张变法。

1919年，巴黎和会外交失败，中国爆发了"五四"运动。

历史上，因为受到了司马光等保守派官员的阻挠，王安石变法最终失败了。变法失败后，王安石一直心情苦闷，在政治上也不得志。于是，我们可以想象这样的场景：

变法失败的王安石，最终选择了借酒消愁，每天连衣领上都流着酒（1069）。

巴黎和会的外交失败，说明中国虽然以第一次世界大战战胜国的身份参加外交活动，却仍然处于被欺负、摆布的地位。

虽然中国战胜了，但在外交上的待遇仍然跟以前一样，就是"依旧依旧（1919）"。

通过这种方式，你记住了吗？

第2题，用数字编码的方式来记忆下面这些历史知识，并对比它和第1题记法的差别。

公元前221年，秦王嬴政灭六国，建立秦朝。
1368年，朱元璋建立明朝。

公元前221年，按照数字编码的方式，我们可以拆分为"玲儿（02）"和"二姨（21）"，将数字编码和历史知识融合在一起，结果就是：

玲儿和她二姨帮助秦王嬴政灭了六国，建立秦朝。

1368年，按照数字编码的方式可以拆分为"衣衫（13）"和"路霸（68）"，与历史知识融合后为：

朱元璋脱了衣衫，赶走路霸，终于建立了明朝。

相对来说，第2题中数字编码的方式比第1题更容易运用在各个场合，但不如第1题这种记忆方法与历史背景结合得深。在实际运用时，我们可以根据情况灵活选择。

第3题，用数字编码来记忆下面这些科学知识和生活信息。

哈雷彗星的回归周期是每76年一次。

美国的国土面积有937万平方公里。

这次考试会在11月25日举行。

我们可以这样记忆：

哈雷彗星每次都是骑鹿（76）回归地球。

美国国土上到处都是旧伞（93）和旗子（7）。

马上考试了，我正忙着用筷子（11）练拉二胡（25）。

第七章

英语记忆法

01
记忆英语单词的几大步骤

"pen，钢笔……pen，钢笔……"晚上，小柳的房间里传来了背单词的声音。自从上了小学三年级，英语课的考察要求就增加了，老师让大家每天回家后，复习一下记过的单词。

每到了背单词的时间，就是小柳一天中最苦恼的时候："哎呀，都背了这么多遍了，还是记不住，这可怎么办？"

就比如"蜡笔"的英文"crayon"，他就总是写错成"craon"，每次都会把"y"忘了。不知道背了多少遍、念了多少次，还是改不掉这个习惯。

爸妈也不知道怎么教他，只好告诉小柳："实在记不住，你就多念、多拼写几遍。一遍记不住就十遍，十遍记不住就五十遍，总能记住的。"

"实在不行你就抄。好记性不如烂笔头，你多抄几遍不就记住了吗？"奶奶在旁边补充道。

小柳把书盖在脸上，非常痛苦地说："这样学英语真的好累呀，我还能学会吗？"

有没有记英语单词的简单办法呢？

平时我们看到一个新的单词，可能按照这样4个步骤进行记忆：

先念，后拼读，看中文，再抄写。

这个方法也没有什么不对，我们记住了单词的读音和意思，再通过抄写加深对它的印象。只要多练习几遍，一般都能把单词记住。可是这个过程，就算不动脑思考也能完成，因此大脑经常偷懒。

比如，当你口中念着单词，手底下抄写着字母时，一定都是全神贯注的吗？我相信，很多同学都练出了这样的技能——虽然嘴巴还在念，手底下不停抄，但思绪早就不知道飞到哪里去了。

这样一来，我们记忆的效率就变低了，不仅背不过单词，还浪费了许多时间。因此在记单词时，一定要选择能调动大脑思考的方式来记忆，别让我们的脑子偷懒，只要它认真起来，记单词就会变得很轻松。

【方法细分析】

快速又简单的记单词法，可以分成这几个步骤：

一读、二析、三联、四忆、五温。

1."一读" —— 一定读准音

每个单词的发音都是固定的，读准字音才是交流的前提。想象一下，如果你说的普通话不标准，别人根本听不懂你在说什么，那么就算你有一肚子话想说，也很难跟其他人交流。

我们学英语时，一定要同时注重听、说、读、写的练习。不是认识的单词多就代表英语学得好，如果你不会准确发音，还是不能用英语跟别人交流。在学习的一开始就读准字音，这样能节省很多时间。不然等你已经把这个单词学会了，才发现自己的发音是错的，要改正就不容易了。

读单词的方法如果正确，也可以帮助我们强化记忆。首先就是发音要准，记住正确的发音才算背对了单词；其次，朗读单词时的声音要大，这样能调动我们的耳朵和嘴巴，刺激大脑皮层变得更活跃，让它更专注地进行记忆；最后，读单词的速度要快，读得越快越熟练。

快速、反复、大声读，可以帮助我们强化对单词的记忆。

2."二析"——记得多分析

很多同学在学会了读单词，也知道了它的意思后，就开始死记硬背。其实背单词有很多种诀窍，我们可以通过分析和观察，好好熟悉一下新单词，寻找它的记忆诀窍。

比如，"now"是"现在"的意思，"snow"是"雪"的意思。如果我们先学会了"now"这个单词，再去学"snow"，就可以将单词拆开来分析一下：

snow 可以看成 s+now。

在新单词"snow"中看到旧单词"now"，能帮我们记得更快一些，也让这个单词在大脑中变得更特殊、更有印象。

如果你在学单词的过程中，没有进行过"分析"这个过程，可能就会错过很多单词之间有助于记忆的关系。

3. "三联"——串联和联想

还是举"snow"这个单词的记忆例子，我们不仅可以将单词进行分析和拆分，拆成"s"与旧单词"now"两部分，还可以对这两部分进行联想和串联，组成一个小句子：

因为 s 像一条小蛇，所以这个单词可以记成"蛇（s）现在（now）趴在雪地（snow）上"。

通过这样的场景进行记忆，你是不是发现对这个新单词的印象一下子变深了？我们不仅记住了单词的拼写，也强调了单词的意思，把中文和英文结合在了一起。背单词就是这样，只要我们能留下印象、记得清楚，用什么办法都可以。

4. "四忆"——回忆记得牢

和文章与古诗词不一样，英语单词记忆起来非常琐碎，如果不经常回顾和强调，特别容易发生以下两种情况：

背过的单词很快就忘了意思，看到中文想不起英文，或对英文很熟悉但记不起中文；长得像的单词很容易被我们弄混，把其中一个的含义记成另一个。

不管是丢三落四还是张冠李戴，都不是我们花了大量时间背单词之后想看到的结果。想解决这个问题没有什么捷径，就是要靠不断回忆来强化大脑记忆。

我们可以通过"双向回忆"的方式进行记忆。双向回忆就是看着英语单词联系它的中文意义，看到中文回想英语单词的读写。双向回忆可以让我们翻来覆去记忆一个单词，强化英中意义之间的联系，让我们牢牢记住单词的意思，减少记忆模糊、混乱的问题。

5. "五温"——莫忘常温习

记单词不是一个一劳永逸的事，在短时间内将单词记住后，我们还要常常温习。还记得前面介绍过的艾宾浩斯遗忘规律吗？人的大脑会不断遗忘脑海中的信息，距离记忆的时间越短忘得越快，时间越长忘得越慢。因此我们在安排复习的时候，就要按照大脑的认识规律，"先密后疏"地进行复习。

也就是，你刚背完一个新单词时要多复习、勤复习，时间越久，复习的间隔就可以越长。第1次背完单词，我们可以在30分钟后就开始第1轮复习，然后在8～9个小时后开始第2轮，24小时后开始第3轮，7天后开始第4轮，21天后开始第5轮，60～90天后开始第6轮。

每个单词至少进行6轮复习，我们才可以说是比较熟练和牢固地记住了。

记单词的这5个步骤一定要牢记于心，每次看到新单词时，都按照这5个步骤进行记忆。这种方式比单纯的读单词和抄写，记忆速度要快得多，效果也要牢固得多，因为我们的大脑在这个过程中始终不断地思考和联想，这就是一个熟悉单词的过程。等5个步骤都走完，新单词就会变成我们的"老朋友"，记忆起来一点儿都不枯燥。

【案例巧解析】

按照以上的记单词步骤，如何记忆下面这几个单词？

banana n. 香蕉；
usage n. 用法，习惯；
mouse n. 老鼠。

（1）banana

一读：确认"banana"的正确读音，大声朗读三遍。

二析：按照谐音的方式，将这个单词拆解开，分解成"ba（爸）+nana（娜娜）"，对应了类似发音的中文。

三联：将拆解开的内容串联起来，就是"爸（ba）给娜娜（nana）拿香蕉（banana）吃"。

四忆：双向回忆，从中文回忆英文——"香蕉"的英文是什么？从英文回忆中文意思："banana"的中文是什么？

五温：按照艾宾浩斯记忆规律，分多次进行复习。

（2）usage

一读：确认"usage"的正确读音，大声朗读三遍。

二析：按照旧单词拆分的方式，将单词分解成"us（我们）+age（习惯）"两个已经学过的旧单词。

三联：将拆解开的内容串联起来，就是"我们（us）随着年龄（age）增长，已经习惯（usage）了它的用法（usage）"。

四忆：双向回忆，从中文回忆英文——"用法，年龄"的英文是什么？从英文回忆中文意思："usgae"的中文是什么？

五温：按照艾宾浩斯记忆规律，分多次进行复习。

（3）mouse

一读：确认"mouse"的正确读音，大声朗读三遍。

二析：按照谐音和旧单词拆分的方式，将单词分解成"mo（莫）+use（使用）"，对应了类似发音的汉语和已经学过的旧单词。

三联：串联内容，就是"莫（mo）使用（use）狗来抓老鼠（mouse）"。

四忆：双向回忆，从中文回忆英文——"老鼠"的英文是什么？从英文回忆中文："mouse"的中文意思是什么？

五温：按照艾宾浩斯记忆规律，分多次进行复习。

02
字母编码记忆法

英语单词不好记，是因为很多人没找到好的技巧、缺乏对英语语境的习惯和对单词的熟悉。所以，单词在他们眼中就是一串抽象的字母组合，跟一串没有规律的数字组合没有任何区别。

还记得我们怎么记忆一串数字吗？

因为数字太抽象了，所以我们要通过象形记忆或谐音记忆的方法，将数字联想成对应的物体，再把物体串联起来，辅助记忆数字。这就是数字编码的方法。

现在，我们也可以将字母用"编码"的方法来记忆，也就是把字母想象成一些发音近似、形状近似的物品，把它们串联起来记忆。

在记忆"dog（狗）"这个单词时，英语老师问大家：

"你们觉得这个单词怎么记更容易呢？"

王晨说："dog的字母拆开，d读起来类似'弟'，o读起来就像'殴'，g在汉语拼音里念'哥'，我可以通过谐音的方法来解释。"

"哦？你是怎么解释的？"

王晨很高兴地分享说："就是'小狗弟弟殴打哥哥'，这样就记住了！"

陈菲有不同的看法，她用了另一种办法，说："我觉得，这个单词看起来就特别像一只昂头摆尾的小狗。"

陈菲给大家解释了一下："'d'看起来就像竖着耳朵的狗头，'o'就是圆圆滚滚的肚子，'g'就是撅着尾巴的后腿。通过形状近似，'dog'这个单词的三个字母都对应了实际的形象，在脑海中留下了生动场景，自然就记住了。"

两个同学问英语老师："老师，您觉得哪一种方法更好用？"

老师笑着说："你们的方法都很有用。可以用自己喜欢的方法去记，只要能达到效果，就是好的记忆法。"

他们采用的都是字母编码的记忆方式，现在你对这种记忆法了解了吗？

【方法细分析】

字母编码的方式很灵活。背短的英语单词，比如"dog"，我们可以把每个字母当作一个记忆点，一个字母组成一个词或图像；背长的单词，比如"banana"，我们可以将多个字母看成一个记忆整体，比如"ba"两个字母合起来记作"爸"，"nana"记作"娜娜"。

所以，虽然只有26个英文字母，但在记忆英语单词时，可以联想、拆分的字母组合却有无数种，我们可以通过自己善于发现的眼睛，活学活用这些组合。最常见的拆分和联想方式有下面几种：

1.利用谐音编码记忆

利用谐音来分析和记忆英语单词，需要多念几次，找到英语读音中有助于记忆的谐音。比如，当你要记忆英语单词中的"i"这个字母时，因为它的读音跟"爱"很相似，我们就可以将这两个点联系在一起记忆。又比如，把单词中的字母"m"记成"门"，把字母"p"记成"屁"，这些都是将字母按照谐音记忆的方法。

我们不仅可以这么记字母，也可以记字母组合。比如，看到下面这个单词，你怎么记忆？

apart adv. 分离，分别地。

我会先把它拆分一下，拆成字母"ap"和旧单词"art"的组合。"art"的意思是"艺术"，"ap"就可以用谐音的方法记忆，记成"阿婆"，这样，这个单词可以这么记：

阿婆（ap）去学艺术（art），要跟家人分离（apart）。

因此，谐音不仅可以记一个字母，也可以记多个字母。

2.利用意义编码记忆

利用意义来协助记单词，就是用字母广为人知的其他含义协助记忆。

比如，英文的"停车场"是"park"，不管在国内还是国外，能停车的地方都有一个大牌子，上面写着大大的"P"，意思是"这里是停车场（park）"。这样一来，看到"p"这个字母，你就可以将它记成"停车场"。

除此之外，还有很多情况可以利用字母的意义来编码。比如，求救信号是"sos"，如果你在单词中看到了

"sos"三个字母连在一起，就可以记成"求救"。

3.利用汉语拼音帮助记忆

利用汉语拼音协助记忆的办法，可能是同学们最常用的！

有的英语单词的读法跟拼音特别像，比如"man（男人）""bang（巨响）"等。有的单词读法虽然和拼音不一样，但是我们可以借助拼音来记忆，比如"madam（女士）"这个词，可以用拼音的方法拆成"马（ma）+大（da）+妈（m）"三部分，记起来是不是更有冲击性？

4.让字母形象化

让字母形象化，就是我们在举例"dog"这个单词时提到的，字母连起来看就像一只小狗。根据单词中字母的形状，能让你联想到某种物品或场景，进而记得更牢，这就是形象化的记忆。

比如，当我们看"bed（床）"这个单词时，这3个字母组合着是不是很像一张头尾都有床栏的床呢？"b"和"d"分别是床头床尾，"e"就是低矮的床身。

形象化的记忆更多地使用在单个字母上，比如"A"看起来像帽子，"M"看起来像两座小山，"O"像张大的嘴巴，"U"像一个杯子等。有时候，我们会遇到需要这样记的单词。

通过各种途径，我们可以把枯燥的英文单词和字母转化成各种有趣的物品或场景，用更生动、串联性更强的方式记忆。

【案例巧解析】

如果让你用字母编码的方式记忆下面这几个单词，你知道记忆要点是什么吗？

box n. 盒子；

family n. 家庭；

queen n. 女王，王后。

我们先重温一下记忆英语单词的几大步骤，还是按照"一读二析三联四忆五温"的方法来记忆单词，这里就不再给大家详细讲解了，相信你在前面的练习中已经学会了吧！

在"二析"和"三联"这两步，我们要进行拆分和编码，并把编码串联起来。

（1）"box"可以用形象化记忆的办法。仔细观察一下，"b"像不像一个勺子，"o"就是一个洞，而"x"像用胶带贴住的痕迹。于是我们可以这样记：

盒子（box）上被一个勺子（b）挖了个洞（o），然后用胶带粘住（x）了。

（2）"family"可以用谐音记忆和拼音记忆的办法。按照拼音，"fa"可以记成"发"，"mi"就是"米"，"l"就是"了"，而按照谐音法，"y"可以记成"呀"。这样再串联联想一下，就是：

家（family）里又发（fa）米（mi）了（l）呀（y）!

（3）"queen"可以用拼音法和形象化记忆的方法。"qu"的拼音是"取"，"ee"从外形上看像一副眼镜，"n"看起来像个门。这样一来，联想之后可以这么记：

女王（queen）取（qu）来了眼镜（ee）走出了门（n）。

试一试，用这些方法记忆更多的英语单词吧!

03
用分解法记忆单词

背英语单词时，我们经常能从陌生的新单词里找到已经背过的单词。比如，在"pencil（铅笔）"这个单词中，我们就能看到前三个字母组成的是"pen（钢笔）"。

更有一些新单词，可以直接分解成两个或更多已经认识的单词。比如，前面介绍过的"usage（用法，习惯）"，就是由"us（我们）"和"age（年龄）"这两个单词组成的。

将新单词分解成旧单词来辅助记忆，就叫分解法。不过，不是所有的新单词都可以分成我们已经认识的旧单词，这种记忆方法是有局限性的。但也有一个好处，它可以帮助我们快速记住一些很长的单词。

彤彤特别不喜欢背长单词，因为一个单词里字母太多，就特别容易在默写时落下几个字母或全部写错。时间久了，她一看到长单词就头疼，会发自内心地生出一种抗拒情绪，连背都不想背。

妈妈为了帮助彤彤解决这种心理困扰，就告诉她："这是你的心理原因。不是所有的长单词都很难背，不信我待会儿教你一个词，背起来特别容易。"

彤彤问："这个单词长吗？"

妈妈想了想，说："这个单词有8个字母，绝对够长了。"

彤彤就有些不相信，说："这么长的词，我才不信它容易背呢！试试就试试。"

妈妈就在纸上写下了这个单词——

eggplant—茄子

妈妈告诉彤彤："在背之前我们先跟这个单词'认识'一下。你有没有觉得这个单词有点儿眼熟？"

彤彤看了一会儿，说："前面三个字母'egg'不是'鸡蛋'的意思吗？这个我背过的。"

妈妈点点头，把单词用下划线标记成前后两部分——

egg plant

她说："我这么一标记，你就会发现，后面这个单词你也背过。"

形形点头说："好像是的，'plant'，是'植物'的意思。"

妈妈说："没错。你想一下，茄子这个蔬菜看起来圆滚滚、光溜溜，是不是很像蔬菜'下'的一个蛋？这样记就很容易了。"

这个单词的记忆方法可以写成：

茄子（eggplant）看起来就像植物（plant）下的蛋（egg）。

形形一连念了几遍，果然就记住了这个单词。妈妈说的是对的，并不是所有的长单词都很难背。如果能用分解法协助记忆，长单词也可以轻松解决。

【方法细分析】

通过例子，我们可以总结出分解法记忆单词的优点和缺点。

优点：分解法记忆长单词的速度特别快。因为将一个未知的单词分解成几个已知单词后，我们就不需要再记这个新单词了，只要记住几个已知单词和它们的先后顺序就可以了。比如，你没背过"egg"和"plant"这两个单词，你就要将"eggplant"按照常规方法来记忆；但如果你背过这两个词，只需要记住"egg"在前，"plant"在后就可以了。

缺点：不是所有的长单词都能恰好分解成几个已知单词。比如，"pencil"这个词里面有已知单词"pen"，但也多了"cil"这几个不能组成单词的字母。具体情况下，我们还得动用自己的小脑瓜灵活解决问题。

了解优缺点后，我们可以学习一下分解法记单词的几个原则，然后就开始实践吧！

原则一：新单词的读音不一定跟组成它的旧单词读音一样

比如，"breakfast（早餐）"这个英语单词，就可以分解成"break（打破）"和"fast（快）"这两个单词。但是你仔细读几遍，就会发现"breakfast"中这两部分的发音，跟"break"和"fast"这两个单独的单词发音是不一样的。

所以，记单词的时候永远要按照步骤来，第一步就是认真确认单词的正确读音。不要因为新单词看起来面熟，就自以为它要按照我们印象中的方式来读。

原则二：在加强记忆的串联句子里，可能会打乱分解部分的前后顺序

就像前面举的例子，协助记忆"eggplant"的串联句子是"茄子（eggplant）看起来就像植物（plant）下的蛋（egg）"。但是，实际的单词中"egg"的顺序出现在"plant"前面。这是为了让协助记忆的句子表达可以更通顺、更连贯。

因为有打乱单词顺序的可能，我们还要需要结合新单词的读音记忆正确顺序。

【案例巧解析】

你能用分解法快速记住下面这几个单词吗？

puppet n. 木偶；

inhabitant n. 居民，住户；

manage vt. 管理，控制。

（1）puppet，可以拆分成"pup（小狗）"和"pet（宠物）"来记忆，然后进行联想：

小狗（pup）的宠物（pet）是一个木偶（puppet）。

（2）inhabitant，可以拆分成"in（里面）""habit（习惯）""ant（蚂蚁）"来记忆，然后进行联想：

在里面（in）待着的居民（inhabitant）习惯（habit）吃蚂蚁（ant）。

（3）manage，可以拆分成"man（男人）"和"age（年龄）"来记忆，然后进行联想：

那个男人（man）到了能管理（manage）的年龄（age）。

04
联想记忆法在英语中的运用

不管这本书里介绍了多少种记忆法，最核心的一个技巧始终是联想。

回顾一下我们前面学过的记忆方法，是不是都在通过各种方式诱导大家进行联想？人的想象力无穷无尽，联想能力强的同学可以在大脑中构建一个丰富多彩的世界，联想是最容易引发大脑兴奋、刺激我们快速记忆的因素。

所以，在英语单词的学习和记忆中，我们也要善用联想记忆法。

露露今年上小学六年级，老师偶尔会给他们布置一些英语小作文的写作。这一次，小作文的主题是用几句话描述出去旅游的经历。

露露就把爸妈带自己去动物园这件事写了写。交作业时，小组长看了一眼露露的作文，感觉很疑惑："露露，你写的旅游地点是哪里呀？为什么我看到的是去'200'旅游？这是什么地方，你没写错吧？"

露露愣住了，突然爆笑起来："我写的是动物园，是'zoo'，你怎么能看成'200'呢？"

听到这话，周围的同学全都忍不住笑了，小组长不好意思地挠挠头，说："这不能怪我，是你写字太潦草了。"

不过，闹了这样一出乌龙，估计大家这辈子都忘不了"动物园"这个单词怎么写了。

要是还没学过这个单词，你还可以这样联想记忆：

动物园（zoo）的门票要花200元钱。

下面我们就来好好分析一下，怎样通过联想来背单词。

【方法细分析】

学会下面这两种主要的联想方法，就足够你记忆很多英语单词了。

1.根据单词写法进行联想

前面提到，小组长将动物园"zoo"看成了"200"，这就是根据单词的写法进行了联想。通过分析字母的形状，我们可以在脑海中构建相似的物体或场景。

比如，当你想记忆"cup（杯子）"这个单词时，就可以根据单词的字母写法，把它和杯子的形状联想在一起。"c"看起来就像杯子的把手，"u"就是杯子的身体，旁边的"p"就像拿开的杯子盖。这样一来，这个单词在你眼中是不是就变成了一幅图？

这种联想方式是比较直观的。

2.根据单词的读音进行联想

当我们要记住"click（点击）"这个单词时，可以根据单词的读音来进行联想。这个词的发音有点儿像"可立克"，但读起来要很清脆、迅速。当你读过几次就会发现，这个声音跟我们点击鼠标时发出的声音特别相似。

所以，只要你记住点击鼠标的声音，就能记住类似发音的单词"click"。

你看，根据单词读音进行联想，就是在我们反复诵读单词之后琢磨出来的。因此要重视记忆单词的第一个步骤——正确朗读单词。

接下来你就可以根据不同单词的特点，灵活运用联想的技巧去记忆了。

【案例巧解析】

你能利用联想记忆法，记住下面这几个单词吗？

bomb n. 爆炸；

tick n. 一瞬间，滴答；

tomato n. 西红柿。

（1）bomb，这个单词可以用读音联想来记忆，"bomb"的读音特别像爆炸时发出的声音，反复读几遍，在脑海中浮现爆炸的画面，就能记住了。

（2）tick，这个单词可以用读音联想来记忆，"tick"的读音与老式钟表指针走动的声音特别像，就像"滴答"声，而秒针隔很短时间就会走下一步，这就是"一瞬间"。

（3）tomato，这个单词可以用写法联想来记忆。把单词拆分成"to+ma+to"，左右两边的"to"中，"t"看起来像叉子，"o"就像圆圆的西红柿，中间的"ma"可以按照拼音联想成"妈"，这样这个单词的写法就展现了这样的画面：

　　站在中间的妈妈（ma）左右手各拿一把叉子（t）插着一个西红柿（o）。

这样就轻松地记住了这个单词的写法。

05
字母的增减与替换法

学英语时，我们经常会遇到单词长相相似的情况。比如下面这一组单词，乍一看是不是特别像？

cake—蛋糕　bake—烘烤　lake—湖　make—制作

这4个单词除了首字母各不相同，剩下的部分拼写、读音都一样。要记忆这种非常相似的单词，我们通常有两种办法：

1.将相似的单词放在一起记忆，通过不同点对它们进行区分

越是相似的单词，越要整理在一起记忆，特别要强调单词的意义、写法和读音上的不同之处，这才能通过对比将相似的单词区分开。

对上面这一组单词，我就用串联联想的方式整合在一起：

一群人在湖（lake）边烘烤（bake）制作（make）蛋糕（cake）。

2. 利用相似的旧单词来记忆新单词

如果你学习过"compete（竞争）"这个单词，那么在学习"complete（完成，结束）"时，就可以利用旧单词来记忆新单词，还能加强对两个单词的区分。

通过观察，我看到"complete"比"compete"多了一个"l"，可以把"l"记成"国王的权杖"，然后这样记忆：

没得到国王的权杖，人们就要为了它竞争（compete），直到获得了权杖才结束（complete）。

在相似的旧单词上增加一个字母，就成了我们要记忆的新单词。这种情况下，我们要利用已经背过的单词，让新单词的记忆变得更简单。

很多人经常搞混"compete"和"complete"两个单词，但通过这种字母加减、联想进行记忆，相信大家一定不会再弄混了。

【方法细分析】

如果你要背的新单词，与曾经记忆过的旧单词非常相似，通常可以通过字母增减或替换的方式进行记忆。

1.字母增减记忆法

顾名思义，就是我们要学习的新单词比之前熟悉的旧单词多了或少了一两个字母。这种情况下，用旧单词串联新单词进行记忆，可以让我们更快地记住。

举个简单的例子，"bright（明亮的）"和我们学过的"right（右边）"之间，就差了一个字母"b"。我们可以利用这个多出来的字母"b"，串联起两个单词，让陌生的新单词在大脑中与熟悉的旧单词联系在一起，就能迅速增加熟悉度。

我是这样串联的：

不（b）走右边（right）的道路，光就很明亮（bright）。

当我把这两个单词串联起来之后，脑海中就构建出了这样的场景：右边的道路笼罩在黑暗中，其他地方都很亮。通过这个场景，新单词立刻就和旧单词联系在一起，让我觉得非常熟悉，记忆起来很快。

2.字母替换记忆法

这种情况是指我们要记忆的新单词和已经记过的旧单词之间，有1~2个字母不一样，其他都一样。比如最开始举例的那组单词，"lake""cake""make""bake"之间只有首字母不同。

这时，我们就可以把新单词跟旧单词联系在一起记，再记一下替换的字母即可。

比如，"rice（米饭）"和"nice（美好的）"之间只有首字母不一样，用"r"替换了"nice"的首字母，就得到了"rice"。这个替换字母"r"长得很像一株植物，可以记成"禾苗"。

因此，这个单词可以这样记：

美好（nice）的土地被禾苗（r）覆盖后就有米饭（rice）吃了。

进行字母替换时，两个单词中不一样的字母可能出现在开头、结尾，也可能出现在中间。我们要锻炼自己的观察和联想能力，才能从不熟悉的新单词里看到旧单词的影子。

【案例巧解析】

你知道怎样利用字母的增减和替换法，记忆下面这些单词吗？

bother v. 打扰；

train n. 火车；

grass n. 青草，草地；

mask n. 面具。

（1）bother，类似的熟词是"brother（兄弟）"，新词少了一个字母"r"。根据字母"r"的形状像草叶子，我们可以这样记忆：

兄弟（brother）总是拿着草叶子（r）打扰（bother）我睡觉。

这样记，也能区分开两个词，因为"有草叶子（r）的单词是兄弟（brother）"。

（2）train，类似的熟词是"rain（雨）"，新词多了一个字母"t"，形状像是雨伞的伞柄。于是，我们可以这样记忆：

雨（rain）中的火车（train）就像自带一把巨大的伞（t）。

所以，有伞（t）的才是火车（train），没有伞（t）就要淋雨（rain）。

（3）grass，类似的熟词是"glass（玻璃杯）"，新词用"r"替换了"l"，看起来就像把长长的叶子剪短了。可以这样记：

修剪后的草地（grass），草（r）没有玻璃杯（glass）里的高。

所以，玻璃杯（glass）里长着高草（l），比草地（grass）上修剪过的草（r）要高。

（4）mask，类似的熟词是"mark（标志，符号）"，新词用"s"代替了"r"，"s"就像一条蛇。可以这样记忆：

面具（mask）上的标志（mark）就像一条蛇（s）。

所以，有蛇（s）的是面具（mask）。

06
构词法快速记忆

当你进入了高年级，就会逐步接触英语学习中一个重要的概念——词根与词缀。

你知道这是什么意思吗？

为了帮助更多同学了解这个概念，我会举一个例子简单为大家解释一下。

先看下面这一组单词，找一找其中的规律：

like—喜欢　unlike—不喜欢

dress—穿衣服　undress—脱衣服

known—已知道的　unknown—不知道的

你找到规律了吗？

规律一：右边这一列词，最前面都比左达的词多了"un"。

规律二：右边词的意思跟左边相反。

如果说"like"是喜欢的意思，那么前面加上"un"，就像是加了一个否定意思，变成了"不喜欢"。同样，原本意思是穿衣服的"dress"，前面加上"un"以后，意思就变成了"不穿衣服（脱衣服）"。

因为还有很多词也有类似的规律，我们就总结出这样的结论——"un"这两个字母如果出现在单词前面，有"否定、不"的意思，它可以跟单词结合，组成一个新的单词。

构词法就是根据这种规律来拆解词汇、快速记忆。想一想，如果我们要记右边这一组单词，是不是只要背过左边这一组基础词，再把它们跟"un"组合在一起就行了？

这样，我们只需要背左边3个单词，就能记住6个单词了。

我来考考你，如果你知道"cover"这个单词的意思是"覆盖"，那么"uncover"是什么意思，你能猜出来吗？

按照构词法来思考，"uncover"就是"un+cover"的组合，意思应该跟"覆盖"相反，那么是"不覆盖"，即"揭开、揭露"的意思。实际上也正是如此，你猜对了吗？

如果你能记住很多前面可以加"un"的单词，就能像这样轻松地记住更多单词了。

【方法细分析】

等你对英语的学习逐步深入，就会明白"unlike"这类词中，"like"这种可以独立存在的基础单词，就叫作"词根"，而"un"这种只能和基础单词组合出现、单独出现无意义的词，就叫"词缀"。因为这个概念有些复杂，我们现在还不需要了解太多。

我们还是从构词法的方式来学习英语单词吧！从这个角度看，我们主要接触了三种构词法：

1.合成构词法

合成构词法的意思是两个或者更多的单词合成一个新单词。我们在记忆新单词时，如果认识它的组成词，背起来就会容易很多。

比如，"basketball（篮球）"这个词，对同学们来说并不是特别容易记，因为它很长。但是，它是由两个独立的单词合成的，分别是"basket（篮子）"和"ball（球）"，由它们组合成的新单词，跟这两个单词之间还有逻辑关联——

要投到篮子里面的球，可不就是篮球吗？

这样一来，只要我们记住"basket"和"ball"这两个单词，就不用担心记不住"篮球"的英文了。

2.派生构词法

这就是由词根和词缀组成一个新的单词。其中，词根是可以单独存在的单词，但词缀不是，这样构成的词跟两个单词合成的词性质不一样。

比如，"homework（家庭作业）"这个词，可以拆成两个独立的词"home（家庭）"和"work（工作）"，这就是合成构词。

但是，"rework（重新做）"这个词里，虽然"work"是单独的词，"re"却不是，它有"重新，再"的含义，只能跟独立词结合在一起形成新词。这种情况就是派生构词。

3.转化构词法

转化构词法的意思是单词的拼写没有变化，还是那个单词，但是意思、词性变了。

比如，"water"、一般是指"水"，但是它也能转化成动词，那时候"water"就有了"浇水"的意思。对转化构词法的理解，需要我们对单词和英语语境有更深刻的认识，在这里就不多讲了。

平时，只要用好了前面的构词法，我们就可以快速记住很多单词了。

【案例巧解析】

判断下面这些单词分别属于哪些构词法。

dislike v.不喜欢；

pencilbox n.文具盒；

postoffice n.邮局；

unusual adj.不寻常的；

bedroom n.卧室；

repari v.修复。

属于合成构词法的有：

pencilbox，可以拆解成"pencil（铅笔）"和"box（盒

子）"，放铅笔的盒子就是文具盒。

postoffice，可以拆解成"post（邮寄）"和"office（办公室）"，可以邮寄的办公室就是邮局。

bedroom，可以拆解成"bed（床）"和"room（房间）"，放着床的房间就是卧室。

属于派生构词法的有：

dislike，可以拆解成"dis"和"like（喜欢）"，通常情况下，"dis"在单词前面时，表示"不"。比如，"disagree（不同意）"就是"dis"和"agree（同意）"的组合。

unusual，可以拆解成"un"和"usual（平常的）"，"un"是否定的含义。

repair，可以拆解成"re"和"pair（一对，配对）"，其中"re"在单词前面时，有"重新，再"的意思，所以"repair"这个词有"重修旧好，修复"的意思。

07
精确记忆实战分析

第1题，用字母编码的方式，记忆下面这些英语单词，你是怎么编码并联想的？

seed n. 种子；

panic n. 恐慌、慌乱；

smother v. 窒息；

sole n. 单独，唯一；

notion n. 观念，概念。

（1）seed，拆分成"see+d"，"see"是旧单词，意思是"看"，"d"用谐音法记成"地"。这样，联想之后的结果是：

看到（see）种子（seed）从地（d）里长出来。

（2）panic，拆分成"pan+ic"，按照谐音法，"pan"是"盘子"，按照意义记忆法，"ic"可以记成"ic卡"。联想之后为：

盘子（pan）上放着的ic卡（ic）没了，人们都慌乱（panic）起来。

（3）smother，拆分成"s+mother"，按照形象法记忆，"s"看起来像一条蛇，"mother"则是旧单词"妈妈"的意思。联想之后为：

蛇（s）缠在妈妈（mother）的脖子上让她差点儿窒息（smother）。

（4）sole，拆分成"so+le"，"so"是旧单词，意思是"所以，因而"，"le"按拼音法记成"乐"。联想之后为：

他知道自己是唯一（sole）的，所以（so）乐（le）了。

（5）notion，拆分成"not+i+on"，"not"和"on"都是旧单词，意思分别是"不"和"在上面"，"i"可以记成"爱"。联想之后为：

我的观念（notion）是，不（not）把爱（i）太放在心上（on）。

第2题，用分解法，记忆下面几个单词。

layman n. 外行，门外汉；
bandage n. 绷带 vt. 包扎；
pancake n. 煎饼；
peanuts n. 花生。

（1）layman，可以拆分成"lay（懒惰的）"和"man（男人）"来记忆，然后进行联想：

懒惰（lay）的男人（man）就是外行（layman）。

（2）bandage，可以拆分成"band（带子）"和"age

（年龄）"来记忆，然后进行联想：

那个长带子（band）是年龄（age）大的人用来包扎（bandage）伤口的绷带（bandage）。

（3）pancake，可以拆分成"pan（平底锅）"和"cake（蛋糕）"来记忆，然后进行联想：

煎饼（pancake）就是一种用平底锅（pan）做的蛋糕（cake）。

（4）peanut，可以拆分成"pea（豆子）"和"nut（坚果）"来记忆，然后进行联想：

花生（peanut）是一种又像豆子（pea）又像坚果（nut）的植物。

第3题，用字母增减替换法，记忆下面几个单词：

sheep n.绵羊；

weight n.重量；

pace n.步子，步速；

farther adj.更远的。

（1）sheep，类似的熟词是"sleep（睡觉）"，新词用"h"替换了"l"，"h"看起来就像一把椅子。这个单词这样记：

一群绵羊（sheep）在椅子（h）上睡觉（sleep）。

所以，看到有"椅子（h）"的那个单词，就知道是"绵羊（sheep）"。

（2）weight，类似的熟词是"eight（八）"，新词比旧词多了一个字母"w"，可以把它记忆成锯子。这个单词的记忆方法是：

重量（weight）有八（eight）个锯子（w）加起来那么沉。

所以，在"weight"这个单词里面一定有"锯子（w）"。

（3）pace，类似的熟词是"peace（和平）"，新词比旧词少了一个"e"，可以按照谐音记成"鹅"。这样，这个单词可以这么记：

　　我迈着步子（pace）追逐一只能带来和平（peace）的鹅（e）。

这样也能记住，"pace"这个单词里面没有"e"，因为还没有追上那只"鹅（e）"。

（4）farther，类似的熟词是"father（父亲）"，新词比旧词多了一个"r"，我们一般把它记成"草"。这个单词的记忆方法是：

　　在更远的（farther）地方，有父亲（father）想要的草（r）。

通过"更远的地方有草"，记住"farther"里面有"r"，从而区分两个词。